Florian Klenk
Bauer und Bobo

PIPER

Zu diesem Buch

Begonnen hat es mit einer Beschimpfung. Christian Bachler, der den höchstgelegenen Bauernhof der Steiermark bewirtschaftet, schimpfte in einem Video aus dem Schweinestall über den „Oberbobo" Florian Klenk (Bobo ≐ Ökospießer). Der Chefredakteur des *Falter* hatte zuvor ein Urteil gutgeheißen, das einen Bauern zu Schadenersatz verpflichtete, nachdem seine Kuh eine Frau getötet hatte. Bachler forderte Klenk auf, ein Praktikum auf seinem Hof zu machen, und der Bauer und der Bobo kamen ins Gespräch: über Klimawandel, Fleischindustrie, Agrarpolitik und Banken. Als Bachlers Hof Ende 2020 vor dem Ruin stand, fanden die beiden Freunde aus zwei Welten binnen 24 Stunden 12.829 Spender, die bereit waren, zu helfen.

Florian Klenk, geboren 1973, ist Jurist und Journalist und seit 2012 Chefredakteur der Wiener Wochenzeitung *Falter*. Er wurde mehrmals als Journalist und investigativer Journalist des Jahres ausgezeichnet und erhielt u. a. den »Männerpreis« der Zeitschrift *Emma* und den »European Journalism Prize Writing for CEE«.

Florian Klenk

BAUER UND BOBO

WIE AUS WUT FREUNDSCHAFT WURDE

PIPER

Mehr über unsere Autorinnen, Autoren und Bücher:
www.piper.de

Ungekürzte Taschenbuchausgabe
ISBN 978-3-492-31919-5
Mai 2023
© Paul Zsolnay Verlag Ges.m.b.H., Wien 2021
© Piper Verlag GmbH, München 2023
Bildnachweis: S. 11: © Peter Haselmann; S. 29, 103, 129: © Florian Klenk;
S. 41, 44, 91: © Christian Bachler; S. 61, 75: © Rudolf Klenk
Umschlaggestaltung: zero-media.net, München,
nach einem Entwurf von Anzinger und Rasp, München
Umschlagmotiv: Peter Haselmann
Gesetzt aus der Franziska Offc Pro
Litho: Lorenz & Zeller, Inning am Ammersee
Gedruckt von ScandBook in Litauen
Printed in the EU

FÜR
VRONI, ANNA UND LEO

PROLOG

»Komm, Bobo, stoßen wir an«

Als alles vorbei war, zückte Christian Bachler seine kleine Flasche angesetzten Lärchenschnaps. Er schüttete das rote süße Zeug in zwei kleine Plastikstamperl und reichte mir eines davon. »Komm, Bobo, stoßen wir an! Hoffentlich ist das nicht nur ein Traum«, sagte Bachler, und wäre der Corona-Irrsinn nicht gewesen, wir hätten uns vermutlich umarmt.

Ich erinnere mich, dass es saukalt war, dass mir trotz Schnaps vor Kälte alle Glieder zitterten und dass wir zum Stamperl zwei Packungen Mannerschnitten und eine Wurstsemmel verdrückt haben. So wie wir das oben am Berg gemacht haben, bei ihm zu Hause in der Steiermark, nach dem steilen und anstrengenden Aufstieg über die Lärchenwiesen hinauf zur Alm.

Bachler und ich standen jetzt aber auf keinem Gipfel, wir prosteten uns am Küniglberg zu, vor der Zentrale des Österreichischen Rundfunks, im noblen Wiener Bezirk Hietzing. Wir konnten es kaum fassen. 12 829 Menschen hatten 416 811 Euro und 25 Cent gespendet und Christian Bachlers Bergbauernhof gerettet. Und das innerhalb von etwas mehr als 48 Stunden.

Wir beide waren noch geschminkt im Gesicht, Bachler trug außerdem eine etwas gewagte Wollmütze mit der Aufschrift »Honk«. Die Talkmasterin Barbara Stöckl hatte uns bereits zum zweiten Mal in die nach ihr benannte Show geladen, ein bisschen hat sie uns wohl ins Herz geschlossen.

Dieses Mal trug Bachler aber nicht seinen steifen, schwarzen Trachtenanzug wie beim ersten Treffen, er war auch nicht mehr so frisch gekampelt und rasiert wie damals, sondern er hatte einen Kapuzenpullover mit der Aufschrift »Ackerdemiker mit Niveau« an. Unrasiert war er und so, wie er eigentlich immer schon sein wollte: frei.

Ursprünglich waren das die uns zugedachten Rollen: Bachler, der Wutbauer vom Land, und ich, der »Oberbobo« vom *Falter*, der feine Pinkel, der arrogante »Bourgeois Bohemian«, der von nichts eine Ahnung hat, schon gar nicht vom Leben auf dem Bergbauernhof, von seinem, Bachlers, Leben. Das wäre ihr wohl so recht gewesen.

Wir sind aber aus unseren Rollen ausgebrochen. Zwar kommen wir aus komplett verschiedenen Welten, aber aus solchen mit gleichen Werten. Zwei Typen, die sich im Internet via Facebook hätten bekriegen und mit Hass überschütten können, so wie es die Gesetzmäßigkeiten unserer gegenwärtigen gereizten Gesellschaft vorgeben. Wir hätten auch den digitalen Heugabelmob aufeinander loslassen können, unversöhnlich wären wir dann auseinandergegangen, hinter uns unsere Fans und Follower aus Stadt und Land. Wir hätten weitere Follower generiert und wären jeweils die Sieger in unserer Bubble gewesen.

Es kam aber ganz anders. Und deshalb froren wir uns in dieser eisigen Kälte die Finger ab, als wir beim Lärchenschnaps über unsere Displays scrollten. Bachler zeigte mir die Eingänge der Spenden auf seinem Paypal-Account, ungläubig immer wieder. Er schloss die Augen und schüttelte den Kopf.

Ich wiederum zeigte Bachler eine SMS von Andreas Gabalier,

diesem steirischen Volks-Rock-'n'-Roller, der ausgerechnet mir dabei geholfen hatte, Bachler zu helfen. Gabalier, der mich vor Weihnachten 2019 in der Stadthalle vor seiner johlenden »Hulapalu«-Masse als Ochs beschimpft hatte, als dummes Rindvieh, das ihm noch in seiner Weihnachtskrippe fehle. Er tat das so, dass seine mit rot-weiß-rot karierten Hemden kostümierten Fans schon bedrohlich aufjaulten. Doch auch dieser Kulturkampf pausierte.

Weil ich nämlich für Menschen, die mich beschimpfen, öffentlich beschimpfen, ein gewisses Interesse aufbringe – und weil Gabalier 800 000 Facebook-Follower hat, fast so viel wie Österreichs Bundeskanzler Sebastian Kurz –, habe ich ihn am Mobiltelefon angerufen, an diesem ersten Adventsonntagvormittag, mir war es wurscht.

»Hier spricht der Ochs«, stellte ich mich am Telefon vor, »wir brauchen Hilfe für einen jener Bauern, deren schöne Welt du gerne besingst.« Gabalier lachte, hörte zu und sagte, er werde ein Video aufnehmen. Er sei doch gar nicht so, wie »ihr Linke glaubt«. In Wahrheit vermutete ich das, denn er, der sehr früh seinen Vater und damit beinahe seine Existenz verloren hatte, war kein »Nazi«, wie der *Spiegel* einmal suggerierte. Sonst hätte er nicht der Flüchtlingsorganisation Hemayat gespendet. Er will halt das Olympiastadion füllen, und zwar viermal. Da braucht es für die Vermarktung eben ein bisschen reaktionären, antifeministischen Geist.

»Ich bin endlich freigeschlagen«, sagte Bachler also und kippte den scharfen Schnaps runter. Auch viele Leute aus seinem Dorf hätten ihm geholfen, erzählte er, obwohl ihn dort einige als Spinner sehen, mit seinen Yaks und Alpenschweinen, mit seinen verrückten Facebook-Videos. Aber viele meinen auch, man müsse sich mit diesem Sturschädel aus der Krakauhintermühlen wieder versöhnen. Und er möge jetzt auch einen Schritt hinunter ins Dorf tun und auf die anderen Bauern zugehen, denen er oft grob auf die Zehen gestiegen ist, nicht nur in seinen Facebook-Videos.

Mit so einem Facebook-Video hat auch unsere gemeinsame Geschichte begonnen, von der ich hier erzählen will, eine Geschichte, die mich verändert hat. Auf seiner Seite hatte er mich beschimpft und zum Gespött gemacht und das Ganze so verdammt gut inszeniert, dass es von einer Viertelmillion Leuten angeklickt wurde. Das war im Frühjahr 2019, das Video ging viral. Er stand da mit seiner Wollhaube und seinem Stallgewand im Verschlag seiner Mangalitza-Schweine, positionierte seine Handykamera und legte los gegen den »Oberfalter«, der von nichts eine Ahnung habe, schon gar nicht von der Almwirtschaft.

Fast eine Viertelstunde lang zog er über mich vom Leder, weil er sich über einen Auftritt von mir in einer Talkshow geärgert hatte. Dort hatte ich das sogenannte »Kuhurteil« gelobt, also die Verurteilung eines Bauern, der seine wildgewordenen Rinder nicht ordentlich beaufsichtigte. Einer Frau kostete das das Leben.

Weil aber Bachler in Wahrheit kein dumpfer Wutbauer ist, sondern ein gewitzter Kerl, hat er nach seinem Zornausbruch eine versöhnliche Geste gesetzt und mich zu einem Praktikum auf seinen Bergbauernhof eingeladen, damit ich endlich weiß, wovon ich da spreche. Mich, der ich ja »noch nie Existenzangst verspürt« hätte.

Ich gebe es zu: Das hat mich getroffen. Denn da hatte er recht. Ich komme aus einer anderen, aus einer wohlhabenden Welt. Ich komme aus der Stadt. Ich bin auf die Butterseite des Lebens gefallen. Bachlers Geist und sein Mut haben mich

Auf der Alm mit Christian Bachler

herausgefordert, und deshalb habe ich ihn sofort angerufen. »Gut«, hab ich gesagt, »dann komme ich zu Ihnen, Herr Bachler.« Seine Antwort: »Per Sie samma bei uns heroben nur mit die Oaschlecha.«

Drei Tage habe ich ihn dann auf der Alm begleitet und viel über Landwirtschaft, Fleischindustrie und Bauernbürokratie erfahren. Diese Zeit werde ich nie vergessen. Selten habe ich in so kurzer Zeit so viel gelernt, über die Agrarwirtschaft, den Klimawandel, aber auch über die gereizte digitale Gesellschaft. Und auch Bachler wird das Praktikum hoffentlich nicht vergessen. Denn aus seiner Wut ist Freundschaft geworden. Und unsere gemeinsame Freundschaft brachte Glück.

Denn damals waren die Bank und ein paar Nachbarn bereits hinter seinem Hof und seinen Jagdgründen her. Bachler konnte seine Schulden nicht mehr bezahlen und steckte jahrelang den Kopf in den Sand. Und man kann sich vorstellen, wie das bei der bereits richterlich genehmigten Versteigerung im Gerichtssaal seiner Heimatgemeinde Murau ausgegangen wäre, hätten ihm nicht so viele Menschen geholfen. Bachler würde jetzt womöglich mit seinem übergewichtigen Cattle Dog Nessi in irgendeiner Murauer Notfallwohnung sitzen, seine Mutter, eine stolze Bäuerin, wäre ohne Ausgedinge. Seine Yaks, Schweine, Gänse, Truthähne, Hühner, Pferde und Rinder wären versteigert oder geschlachtet.

Das ist das Schicksal, das Tausende Bauernfamilien teilen, die von der industrialisierten Landwirtschaft überrollt werden, so wie einst die Handwerker am Beginn der Industrialisierung. Als Bachler gerettet war, haben sich Dutzende Bauern bei mir gemeldet und gefragt, ob ich auch ihnen helfen könne. Bauern, deren Almen zu Golfplätzen wurden, nachdem sie zwangsversteigert waren. Bauernkinder, deren Eltern sich erhängten und die vor Schulden standen.

Natürlich überforderte mich das. Ich kann die Welt nicht retten, schon gar nicht die Welt der Bauern. Ich kann keine Bewegung gründen, ich bin Journalist und kein Politiker oder Aktivist.

Aber ich kann aufschreiben, was mich angetrieben hat, einem Mann wie Bachler stundenlang zuzuhören und dann in meiner eigenen Familiengeschichte zu kramen. Zehntausende Bauern haben in den vergangenen fünfzig Jahren die bittere Erfahrung gemacht, dass die Fleischkonzerne, die Schlachthöfe, aber vor allem die Banken, meistens Raiffeisen, immer gewinnen.

Die Bank geht kein Risiko ein, wenn sie einem Bauern Geld leiht. Der Bauer hat zwar kein Geld, aber er hat Land, schönes Land. Bachler hat die schönsten Almen im Prebertal, dort wo früher Gold geschürft und Tabak geschmuggelt wurde und heute der Tourismus blüht. Die Bauern, sagt Bachler, sind Leibeigene der Bank geworden. Nur zahlen sie keinen Zehent, sondern 14 Prozent Überziehungszinsen und die Anwaltskosten.

Obwohl existenzielle Not über Bachler schwebte, erzählte er mir lange nichts von seiner Schuldenlast. Zu stolz war der Bergbauer, einen wie mich um Hilfe zu bitten. Doch als die Nachbarn merkten, dass der Journalist aus Wien wieder da war, morsten sie mich via Facebook-Messenger an, damit ich ihm helfe. Es sei ernst, der kräftig wirkende Bachler spreche immer wieder von einem »Strick«, sein Hof werde bald versteigert. Es werde dramatisch enden, Suizide seien nicht selten auf dem Land, wie ich von ihm später erfahren werde. Depressionen sind die neue Berufskrankheit der Bauern. Als Bachlers Hof wenige Monate später gerettet worden war, war das erste Dankeschön eine Spende im Wert von drei Ochsen an die Suizidberatung Steiermark.

Ich musste ihm meine Hilfe und die meiner Bekannten und Freunde wochenlang regelrecht aufdrängen. Bachler meldete sich tagelang nicht auf Anrufe. Er sei irgendwo auf der Alm, bei seinen Yaks, die er auf Willhaben kaufte. Langsam nur rückte er mit der ganzen Wahrheit heraus.

Wir alle hofften, in den vier Wochen bis Weihnachten 100 000 Euro zusammenzubringen. Es wurden viermal so viel in nur zwei Tagen. Hinter der Solidarität stand mehr als Mitleid mit einem in Not geratenen Bauern. Die Leute wollten nicht nur den einen Bergbauern retten. Ihre Spende transportierte auch den Wunsch nach einer Agrarwende, nach einer Abkehr von der Fleischindustrie mit ihren CO_2-Gondeln zur Betäubung, wie man sie in der Corona-Zeit bei der Fleischfabrik Tönnies kennenlernte. Eine Sehnsucht nach einem Ende dieses Leids, das die industrialisierte Viehwirtschaft den Tieren zufügt, damit wir jeden Tag Fleisch essen können.

Es ist eine breite Allianz von Helfern geworden, die auch Respekt vor den Tieren zeigen wollten, der Kreatur, wenn man es biblisch zum Ausdruck bringen will. Als Bachler übrigens die Schulden für seinen Hof zusammenhatte, sperrte er sein Spendenkonto und nahm kein Geld mehr an, obwohl stündlich weiter tausend Euro eintrudelten, so viel, wie er sonst in einem Monat durch harte Arbeit verdient. Er wolle sich nicht »g'sundstessn«, sagte er. Er wolle nicht den »Bauer als Millionär« spielen. Sondern einfach nur »freigeschlagen« werden von der Bank. Bachler behielt seine Würde.

Wer ist dieser Mann überhaupt? Wo und wie lebt er? Und was kann er mir und uns allen aus seiner untergehenden bäuerlichen Welt erzählen? Kann man einen wie ihn und seine Vision einer ökologischen Landwirtschaft überhaupt noch retten? Und warum sollten wir das in unser aller Interesse tun? Davon handelt dieses Buch. Es handelt aber auch von meiner eigenen Familiengeschichte, vom Leben meines Vaters, der in einem Bauerndorf aufwuchs.

Es ist eine Recherche über das Leben eines Bergbauern im Jahr 2021. Über seine harte Kindheit, die Liebe zur Alm, seinen Hof, seinen Betrieb, seine Wurzeln, seine Alpenschweine und Rinder und sein Geschäft mit den Touristen, die in Österreich manchmal von Kühen auf Almen getötet werden – und dafür Hohn und Spott ernten.

So hatte diese Geschichte begonnen – mit einer verrückten Mutterkuh im fernen Tiroler Pinnistal. Und mit viel Spott für eine menschliche Mutter, die von diesem Rindvieh getötet wurde.

Ein Tiroler Bauer wurde zu einer Schadenersatzzahlung verurteilt, weil sein Vieh einen Menschen tötete. Die Lobbyisten dieses Bauern und fast alle Politiker fanden das ungerecht.

Deshalb wetterten sie gegen die aus ihrer Sicht abgehobene Richterschaft in Innsbruck und machten eine Staatsaffäre daraus. Das interessierte mich. Ich verstehe zwar nichts von Landwirtschaft, aber dafür ein bisschen was von Juristerei und Politik. Und hier stand die unabhängige Gerichtsbarkeit auf einmal unter massivem Druck einer Lobby, der Bauernlobby.

I

»DAS LASSEN WIR NICHT ZU!«

Ein »Kuhurteil« spaltet die Alpenrepublik

Dass ich geschminkt und frierend vor dem ORF-Zentrum in Wien mit einem Bergbauern auf die Rettung eines steirischen Hofes anstoßen würde, noch dazu mit Hilfe eines Schlagersängers, der mich vor einem Massenpublikum beschimpft hatte, das habe ich im Winter 2019 natürlich nicht ahnen können. Aber dass es Wirbel geben könnte mit den Bauern und ihren Lobbyisten, das war mir klar, darauf hatte ich es auch ein bisschen angelegt. Ich suche nicht ungern den Streit, ich bin Jurist.

Ich ärgerte mich über einige Bauern und ihre Vertreter und verstand ihren Hohn gegenüber jener deutschen Touristin nicht, die nichts anderes getan hatte, als im Jahr 2014 auf einem öffentlichen Weg zu wandern, mit ihrem Hund an der Leine, so wie Hunderttausende andere Touristen auch. Sie bezahlte mit ihrem Leben. Weil ein Bauer nicht aufpasste. Und dann wurde die 44 Jahre alte Mutter noch als Piefke-Trampel verhöhnt.

Zum ersten Mal hatte ich 2019 von diesem Fall gehört. Meine beherzte Schwiegermutter, verheiratet mit einem pensionierten Landwirtschaftskammerfunktionär und Kolumnisten der *Bauernzeitung* aus Tirol, hielt mir damals einen Artikel der *Tiroler Tageszeitung* unter die Nase.

Sie war irritiert von der Justiz, ein Wahnsinn sei dieses Urteil für die Bauernschaft, die seit Jahrhunderten währende Almwirtschaft stünde auf dem Spiel, der Bauer womöglich bald im Kriminal. Was ich denn zu dem Urteil sage, fragte sie mich.

»Ich finde es richtig«, antwortete ich kurz und bündig, zuckte mit den Schultern und stellte eine Gegenfrage: »Findest du, dass das Waisenkind und der Witwer für die Traumatherapie, die Beerdigung und das Trauerschmerzensgeld aufkommen sollen? Oder die Versicherung des Bauern, dessen wildgewordene Kuh eine Touristin zertrampelte?« Die Schwiegermutter gab mir zwar nicht recht, aber ich hatte sie verunsichert.

Anscheinend dachte das ganze Land so wie sie. Nicht nur Tirol war außer sich, und die ranghöchsten Politiker rückten gegen die vermeintlich ahnungslosen Richter des Landesgerichts Innsbruck aus. Allen voran schritt der Tiroler Landeshauptmann Günther Platter, ein gelernter Gendarm, der einst der mächtige Innenminister der Republik gewesen war.

Er stehe »ganz klar und unmissverständlich« auf der Seite der Bauern und nicht auf Seiten dieser »deutschen Touristin«, beruhigte er in einer Pressekonferenz sein Volk. Immerzu wurde die Herkunft der Toten betont, so als sei sie ein Beleg für besonders dummes Verhalten auf der Alm. Platter, der Landesfürst, wie man hierzulande einen Landeshauptmann noch immer nennt, hoffte, »dass die Berufung Erfolg haben wird«. Sein Stellvertreter, zugleich Obmann des Bauernbundes der in Tirol seit Jahrzehnten regierenden Österreichischen Volkspartei (ÖVP), sprach gar von einer »Katastrophe für die Alm- und Weidewirtschaft«, die »bereits für den heurigen Almsommer« schlagend würde. Und der Obmann des ÖVP-Wirtschaftsbundes sah ein »Urteil mit fatalen Konsequenzen, weit über die gesamte alpine Landwirtschaft hinaus«.

Wenn Bauernbund und Wirtschaftsbund protestieren, musste in Tirol natürlich auch ein Präsident einer Kammer etwas sagen. Der Präsident der Tiroler Landwirtschaftskammer rückte aus und gestand, er habe »sehr schlecht geschlafen«, denn den Umstand, »dass Bauern und ihre Familien um Hab und Gut gebracht werden, lassen wir nicht zu«. Er wisse dabei das ganze Land hinter sich. Dass der Bauer versichert war, ließ der Kümmerer von der Kammer unter den Tisch fallen. Sogar die Grünen, in Tirol Teil der Landesregierung, stimmten in den Chor der Verdammnis mit ein. Deren Landwirtschaftssprecher sagte, das Urteil verstoße »gegen jede Vernunft und Lebensrealität im alpinen Raum«.

So als sei Wandern auf öffentlichen Wegen keine Lebensrealität.

Bünde, Kammer, Politiker, Zeitungsleute: Es wurde ordentlich Druck ausgeübt auf die Justiz im sogenannten heiligen Land Tirol, Druck auf das Landesgericht Innsbruck, Druck auf die unabhängige Rechtsprechung.

Ein Richter hatte offenbar ein Sakrileg begangen und sich mit der Bauernschaft angelegt. Er hatte einen Landwirt – und in Wahrheit dessen Haftpflichtversicherung – zivilrechtlich verurteilt, weil dessen Kuh eine Frau niedergestoßen, ihr dann Lungen und Herz zerquetscht und fast alle Rippen gebrochen hat. Sie starb noch auf der Alm.

Die Tiroler Politik war damals von einer Sache überzeugt: Die »Eigenverantwortung« trägt einzig und allein die Touristin, die mit ihrem angeleinten Hund im Stubaital wandern wollte. Der Bauer, der seine Tiere nicht ordentlich verwahrte, weil er sich ein paar hundert Euro für einen Weidezaun sparte, der den öffentlichen Wanderweg von seiner Weide hätte trennen können, war das Opfer einer offenbar von allen guten Geistern verlassenen, weltfremden Gerichtsbarkeit, die nicht nur die Tradition der Almwirtschaft gefährde, sondern den gesamten Bauernstand. Die Bauernvertreter und der Landeshauptmann stilisierten den Fall zu einer regelrechten Staatsaffäre: hier die Touristen, die in die Almen der Bauern einfallen und dort das Vieh mit ihren Hunden aufscheuchen; und da die Bauern, die um ihre Existenz bangen, weil sie jetzt österreichweit zweitausend Almen absichern und 180 000 Rinder einhegen müssen.

Doch so einfach war die Sache nicht. Der Fall lag komplizierter. Ich las mir den sowohl inhaltlich als auch sprachlich exzellent formulierten Richterspruch in Ruhe durch. Was also war dort wirklich geschehen? Der Tiroler Richter hat es in seinem verständlichen Urteil auf 104 Seiten zusammengefasst. Das Urteil war damals noch nicht öffentlich, weil es nicht rechtskräftig war, wie die Medienstelle des Gerichts mitteilte. Aber über Anwälte des Verfahrens konnte ich es einsehen, es erzählte die ganze Geschichte.

Die Pinnisalm im Stubaital ist ein idyllisches Fleckchen. Hier laufen Wanderrouten zusammen, fast alle münden in den Pinnisweg, eine Gemeindestraße, ein öffentlicher Weg. Der Steuerzahler finanziert und schottert die Straße, die Gemeinde sichert sie und versichert all die Radfahrer, die hier gerne durchfahren.

Achtzig Autos passieren sie am Tag und durchschnittlich 140 Wanderer, das haben Gutachter gezählt. Beim beliebten Almsingen, einem Volksfest in der Gegend, kommen gar 1600 Menschen auf die Alm, wusste der Richter zu berichten. Es ist also recht viel los. »Der Unfallbereich«, so schreibt der Richter, ist nicht irgendeine entlegene Alm, sondern »der am stärksten von Wanderern und Radfahrern und Fahrzeugen frequentierte Bereich.« Nicht nur Menschen tummeln sich hier, sondern eben auch Kühe. Die Kühe des Beklagten, den wir hier Josef K. nennen.

Entlang des Pinniswegs hat Josef K. daher Schilder angebracht. »Achtung Weidevieh! Halten Sie unbedingt Distanz! Mutterkühe schützen ihre Kälber. Betreten und Mitführen von Hunden nur auf eigene Gefahr!« Er glaubte, damit sei der Sorgfalt Genüge getan. Aber dem war nicht so. Wer damals den Pinnisweg betrat, ahnte in Wahrheit nichts von der Gefahr, die hier lauerte.

Die Rinder der Rasse Tiroler Grauvieh sehen nämlich niedlich aus. Rinder sind genau genommen »Fluchttiere«, meistens. Wir kennen das, als Wanderer. Meistens laufen sie weg. Im Umgang mit Grauvieh, so wird ein Sachverständiger aussagen, sind allerdings »Respekt und Sachverstand gefragt«, zumal wenn es in »Mutterkuhhaltung« gehalten wird. Die Kühe haben bei dieser sanften Form der Milchwirtschaft die Kälber bei sich. Und manche Kühe reagieren deshalb besonders gereizt, der Mutterinstinkt macht sie aggressiv.

Hunde etwa haben die Kühe in ihren Synapsen als angreifende Wölfe abgespeichert. Wenn einer in ihr Revier eindringt, ergreifen die Paarhufer meist die Flucht – aber im Flachland formieren sie sich auch gerne zum Angriff. Innerhalb weniger Sekunden kann das Grauvieh auf bis zu dreißig Stundenkilometer beschleunigen. Wie eine Panzerkompanie walzt es dann alles nieder, was nicht schnell genug davonlaufen kann. Etwa Menschen wie Maria K., das spätere Opfer.

Heute gibt es entlang des Pinnisweges längst einen elektrischen Weidezaun, der die Alm von der öffentlichen und von Touristen genutzten Straße trennt und auch Maria K.s Leben hätte retten können. Rund zweihundert Euro kostete er, wie das Gericht feststellte. Er schützt die vielen Ausflügler vor den leicht reizbaren Mutterkühen.

Im Jahr 2014, als das Unglück geschah, gab es diesen Zaun nicht. Dem verantwortlichen Bauern hätte aber damals schon klar sein müssen, dass seine Tiere aggressiv waren. Zumindest sagten das Zeugen aus. Dem Hüttenwirt der Pinnisalm etwa war bekannt, dass die Kühe bereits andere Wanderer attackiert hatten. Er wusste, dass sie »herunterspinnen«. So hatte er das genannt. Eine Zeugin sagte aus, der Wirt habe mit dem Bauern deshalb sogar oft gestritten.

Am 17. Juli 2014, also elf Tage vor dem tödlichen »Unglück«, spaziert Cornelia G. von der Bergstation des Elfer-Lifts zur Pinnisalm, ihren Hund an der Leine. Plötzlich nimmt sie »ein Vibrieren« wahr, wie sie vor Gericht erzählte. Es ist eine Rinderherde, die auf sie zustürmt. Ihre Familie wird eingekreist, ihr Mann angerempelt. Der Hund schlüpft aus der Leine. Die Rinder ihm nach. Das rettet Cornelia G. das Leben. Der Hüttenwirt nimmt einen Rechen und vertreibt das Vieh.

Elf Tage später der nächste Zwischenfall. Nun wandert die Italienerin Laura G. zur Pinnisalm. Ihr Mann und vier kleine Kinder begleiten sie. An der Leine führt sie einen kleinen Beagle und einen Golden Retriever, einen Welpen, der noch nie eine Kuh gesehen hat. Der Hund beschnuppert ein Kalb. Und schon ist auch Laura G. von der Herde umringt. Es wird auch für sie lebensgefährlich. Eine Kuh spießt sie auf die Hörner. Nur ihr Rucksack rettet ihr das Leben, die Spitzen der Hörner bleiben darin stecken. Laura G. schlägt auf dem Boden auf, sie erleidet Schürfwunden und Prellungen. Ihr Mann schreit um Hilfe. Wieder kommt der Hüttenwirt, prügelt auf die Kühe ein, so fest, dass ein Stock abbricht. Erst mit einem Rechen vertreibt er das Vieh.

Die Herde, so hält das Gericht fest, sei nun »in Aufregung versetzt worden«. Davon konnte die deutsche Touristin Maria K., das spätere Opfer, nichts ahnen. Nur 15 Minuten nach der Attacke gegen Laura G. wandert auch sie bei prächtigem Wetter hinunter zur Pinnisalm. Ihren Hund hält sie an der Leine, fixiert diese mit einem Karabiner an ihrem Gürtel. Er läuft brav auf jener Seite, die der Herde abgewandt ist. Er ist ruhig, er bellt nicht, er greift auch kein Tier an. Sie macht nichts falsch.

Doch die Rinder wittern wieder »Wolf«. Sie umkreisen die Frau, stoßen sie mit den Hörnern, werfen sie in die Luft. Maria K. will den Karabiner öffnen, doch sie schafft es nicht. Wäre der Hund entkommen, wäre ihr Leben vielleicht gerettet worden, weil die Herde von ihr abgelassen hätte. Doch sie wird zu Tode getrampelt und stirbt noch an Ort und Stelle. Ihr Mann sagt vor Gericht aus, sein Leben habe seinen Sinn verloren. Nur der gemeinsame kleine Sohn halte ihn vom Suizid ab.

Der Richter hält nach Schilderung dieses »Unfalls« fest, dass er nicht passiert wäre, hätte es einen Elektrozaun gegeben. Es war also kein Unfall, sondern eine Sorglosigkeit, die Schadenersatz auslöst. Der Richter stellt auch fest, Maria K. wäre noch am Leben, wenn die Tiere zumindest mit Glocken behängt gewesen wären. Maria K. hätte die tobende Herde hören und rechtzeitig flüchten können. Über diese Erkenntnis wird sich Christian Bachler später lustig machen. Und noch etwas sagt der Richter: Dem Bauern war die touristische Nutzung der Pinnisalm nicht nur bekannt, er hatte Wanderer, Radfahrer und Hunde beobachtet. Er wusste, dass seine Rinder sensibel reagieren.

Und weil er all das wusste und nichts zum Schutz der Menschen unternahm, haftet er: für die Begräbniskosten, für das Trauerschmerzensgeld und für eine Rente – 1212 Euro monatlich für den Ehemann und 352 Euro monatlich für das hinterbliebene Kind.

Ein Skandalurteil? Der Niedergang der Almwirtschaft? Ein Beweis dafür, dass wir kein Risiko mehr eingehen wollen? Der Bauer wurde – anders als es seine Fürsprecher behaupteten – nicht strafrechtlich verurteilt. Er musste einfach nur die präzise richterliche Feststellung vernehmen, dass Landwirte – so wie andere Unternehmer auch – für ihren Betrieb haften, zumal wenn ihre Tiere auf öffentlichem Grund und in der Nähe von beliebten Ausflugslokalen weiden? In letzter Instanz wurde das Urteil für ihn sogar abgemildert. Weil Maria K. den Hund an ihrem Gürtel angehängt hatte, schob ihr das Gericht fünfzig Prozent Mitverschulden an ihrem eigenen Tod zu – sie sei mitschuld, dass ihr Hund nicht flüchten konnte und daher sie selbst angegriffen worden war.

Als sogar Bundeskanzler Sebastian Kurz den Fall zur Chefsache machte, wie die Zeitungen schrieben, war ich mir dann sicher: Schuld ist der Bauer.

II

EINE TV-SHOW UND EIN SHITSTORM

»Der Typ gehört vom hohen Ross geholt«

Am Rand von Salzburg, dort, wo die Stadt Richtung Bayern ausfranst, befindet sich auf dem städtischen Flughafen der »Hangar 7«. Dietrich Mateschitz, Österreichs prominentester Selfmade-Milliardär, ließ dort 1200 Tonnen Stahl und 380 Tonnen Spezialglas zu einer Glaskuppel verbauen, ein »gewaltiges Himmelsgewölbe«, wie es der Gründer von Red Bull einmal nannte. Mateschitz, der in jungen Jahren für Kaffeefirmen und Zahnpasta-Konzerne jobbte, gründete 1984 mit thailändischen Partnern die Red Bull GmbH. Nach einer Abwandlung der Rezeptur eines thailändischen Softdrinks, der unter anderem aus Stiergalle gebraut wurde, schuf er seinen Energydrink Red Bull. 16 Milliarden Euro ist Mateschitz schwer. Einen Teil seines Vermögens steckt er in seinen Sender Servus TV und in sein Prestigeprojekt am Flughafen Salzburg.

Es gibt hier nicht nur edle Restaurants und eine Lounge, sondern vor allem die Spielzeuge von Mateschitz zu bestaunen: den Formel-1-Boliden von Sebastian Vettel, die Stratos-Kapsel, aus der sich Felix Baumgartner aus vierzig Kilometern Höhe auf die Erde stürzte, oder die silberne Douglas DC-6B, mit der sich einst Jugoslawiens Marschall Tito um die Welt fliegen ließ, ehe er sie 1975 dem ersten Präsidenten von Sambia, Kenneth Kaunda, vermachte. Diese Fahrzeuge und das durch die Kuppel sichtbare Alpenpanorama sind die beeindruckende Kulisse einer TV-Talkshow, die sich Mateschitz' Servus TV leistet: der »Talk im Hangar 7«.

Servus TV, das vor allem im Westen Österreichs und im angrenzenden Bayern gerne gesehen wird, setzt auf einen erfolgreichen Mix: rustikaler Dirndl-Schick, ein bisschen Das-wird-man-wohl-noch-sagen-dürfen!-Journalismus, einen reaktionären, vor allem im Netz massenhaft geteilten Satiriker namens »Wegscheider«, der zugleich Chef des Senders ist. Mateschitz führt den Sender autoritär. Als sich einmal ein Betriebsrat gründen wollte, sperrte er seine Anstalt einfach zu – und erst wieder auf, als der sozialistische Spuk vorüber war.

Der Sender leistet sich auch die Talkshow mit dem Moderator Michael Fleischhacker, dem rechtsliberalen Anchorman des Senders. Ich gebe zu, ich gehe nicht ungern hin. Im Westen Österreichs und über der Grenze kennt man den *Falter*, die Zeitschrift, deren Chefredakteur ich bin, noch nicht so gut, und ja, der Hangar mit seinen glänzenden Boliden und Flugzeugen – das meistbesuchte Museum Salzburgs – ist schon ein beeindruckend-kurioser Ort, vor allem wenn man nach Ende der Hangar-Diskussion allein darin herumstreunen darf.

Das Thema des Abends am 14. März 2019 lautete also »Nach dem Kuhurteil: Wandern auf eigene Gefahr«. Offenbar hatte Gastgeber Fleischhacker meinen Artikel gelesen und befand meinen Dissens erfrischend. In der Talkshow war ich nun das, was die Sendungsmacher das »Krokodil« nennen, also derjenige, der die Runde herausfordern und das Publikum provozieren soll.

Ich las vor der Sendung noch einmal das Kuhurteil, merkte

mir ein paar Details und freute mich auf das öffentliche Gespräch.

Vor einer TV-Show sind die Gäste meistens noch locker. Man grüßt einander freundlich im Backstage-Bereich, schlürft Red Bull, die Drinks aus dem Hause Mateschitz, knabbert an Käsestangerln oder twittert herum. Eingeladen war zum Beispiel auch die Starköchin Sarah Wiener, die auch mal mit Kindern Kaninchen erschlägt, damit die Kleinen sehen, wie das Fleisch auf den Teller kommt. Für die Grünen zog sie damals ins EU-Parlament ein. Wir nahmen ein lustiges Selfie-Video auf, auf dem sie ihr Rezept für gekochtes Rindfleisch in die Kamera sagte, und posteten es auf Twitter. Ich spürte damals nicht, wie geschmacklos das für die Hinterbliebenen der getöteten Mutter gewesen sein muss.

Dann saß da ein Landwirt, der etwas traumatisiert war, weil er in seinem eigenen Stall von einem Stier fast erdrückt worden war. Seine Schulter war noch steif, er wäre fast gestorben, wie er später erzählte. Er sei im Dreck gelegen, der Stier habe nicht aufgehört, ihn zu attackieren. Aber so sei nun mal die Natur. Und neben ihm, still, aber passiv-aggressiv, der Chef des Bauernbundes, ein junger, von einem Rhetorik-Trainer bestens geschulter ÖVP-Nationalrat namens Georg Strasser. Irgendwie, das spürte ich im Vorgespräch, hatte er es auf mich abgesehen. Ich war sein Feindbild für den Abend.

So kam es auch, als die Kameras liefen. Ich referierte zu Beginn das Urteil, lobte das Gericht, rügte die Bauernlobbyisten und meinte, eine von den Hoteliers zu bezahlende Haftpflichtversicherung für Wanderer wäre die perfekte Lösung. Und dann stichelte ich ein bisschen: Jene Bauern, die nun angedroht hätten, ihre Almen zu sperren, sollten doch einmal in die Transparenzdatenbank schauen, um zu sehen, wie viel Fördergelder sie vom Staat bekommen, wohl auch um die Landschaft zu pflegen. Die Bauern würden doch von jenen Touristen profitieren, die sie nun verspotten. »Urlaub auf dem Bauernhof« sei doch eine wichtige Einnahmequelle.

Da zog er los gegen mich, der Bauernbündler, der den Fall gerne zur Staatsaffäre stilisiert hätte. Ich würde spalten, polarisieren, gegen die Bauern hetzen und keine Ahnung haben. Als er meine Antworten dauernd unterbrach, fragte ich ihn, woher er seine Crash-Rhetorik habe. So nennen Coaches diesen Diskussionsstil, der darauf zielt, ein Gespräch, einen Meinungsaustausch gar nicht zustande kommen zu lassen, sondern in TV-Shows die Fronten zu markieren und die Fans hinter sich zu versammeln. Hier die armen Bauern, dort der arrogante Jurist, der alles besser weiß. Anschließend verließ Strasser mit erhitztem Kopf das Studio, nicht einmal das sonst nach TV-Talks übliche Glas Wein wollte er mit uns trinken.

Was mich ärgerte: Der Bauernvertreter hatte, so wie die meisten, das Kuhurteil nicht gelesen, unvorbereitet saß er da und benutzte den Fall für seine Agenda. Sein Publikum waren die Bauern. Sie ballten zu Hause vor den Schirmen offenbar die Faust im Sack, weil sie glaubten, dass sie nun wegen den durch ihre Almen latschenden deutschen Touristen Hof und Existenz verlieren könnten. Ich spürte den Zorn bereits während der Sendung: Der Standespolitiker wiegelte die Bauern auf, machte ihnen Angst vor dem Gefängnis und dem Ruin und empfahl sich als Retter in der Not. Auch so funktioniert Politik.

Auf den Facebook-Seiten von Servus TV eskalierte die Lage mittlerweile komplett, wie mir eine Redakteurin der Sendung mitleidig erzählte. Sie sei mit dem Löschen der Hasskommentare gar nicht mehr nachgekommen, klagte sie. Ich solle mir das besser nicht durchlesen.

Ich fuhr zurück ins Hotel Blaue Gans in der Getreidegasse, das Mateschitz' Sender für mich reserviert hatte, bettete den Kopf in die flauschigen Kopfpölster und verstand die Welt nicht mehr.

Einer der Zuseher der Talkshow war Christian Bachler, 36 Jahre alt, Erbe des Bergerhofes in Krakauhintermühlen in der Steiermark. Ich kannte Bachler nicht, in seiner Gegend war er aber offenbar ein Original. Er vermietete nicht nur Zimmer via Airbnb und verschickte sein Fleisch mit der Post, er beherrschte auch die Welt der sozialen Medien besser als viele Medienleute. Er filmt seine Tiere, er erzählt den Leuten Geschichten von seinem Hof, er hält Brandreden, er hat Schmäh, wirkt rebellisch und ist dabei meistens richtig gut.

Mein Auftritt in der Talkshow hat ihn offenbar so empört, dass er tags darauf eines seiner gefürchteten Videos drehte. Die Hände in die Hosentaschen vergraben, stellte er sich in seiner Winterjacke neben sein Schweinegehege, eine Wollhaube über den Kopf gezogen, und zerlegte für seine »Lieben Facebook-Freunde« zuerst die Sendung und dann mich. Das Video samt den Reaktionen kann man sich auf seiner Facebook-Seite immer noch ansehen. Neun Minuten dauert der Clip, mehr als 200 000 Fans haben ihn gesehen.

»Liebe Facebook-Freunde«, begann Bachler seine Wutrede, und er erzählte, dass viele Bauern die Talkshow gesehen hätten »und wild geworden« seien. »Zornige und empörte Kollegen fragten mich: Oida, wos is jetzt los?« Bachler gab ihnen die gewünschte Antwort. Schuld an der Wut der Bauern sei dieser »ausgewiesene Landwirtschaftsexperte vom Wiener *Falter*«. Er sprach das Wort mit einer gewissen Verachtung aus. »Der Herr Klenk hat uns Bauern ein Urteil erklärt, das wir nicht verstehen können, weil wir einfach nur Bauern sind.«

Christian Bachler

Dann leerte Bachler einen Kübel Spott aus – soziale Medien, das weiß auch Bachler, sind suchterzeugende Pointenschleudern, man giert nach den Likes und Herzen seiner vermeintlichen Freunde. Es zählt die Polarisierung und nicht das differenzierte Argument. Er zog also richtig los: »Wir haben vom Herrn Klenk so viel gelernt!«, spöttelte er und tat so, als hätte nicht ein Richter das Kuhurteil gesprochen, sondern ich: »Der Unfall wäre zu verhindern gewesen, wenn man den Rindern Glocken umgehängt hätte? Weil dann hätte man die Rinderherde gehört? Wir haben nicht gewusst, dass wir Ninja-Kühe haben, die sich auf Mokassins anschleichen!«

Der Spott gefiel dem Publikum, es spendete Likes und Herzen. Schon setzte er nach: »Dabei schnauft eine Kuh wie ein Drache! Wenn du das nicht merkst, hast ein Problem!« Wer das nicht verstehe, sei »intelligenzbefreit«.

Ich fand das alles ziemlich daneben von Bachler, auch gegenüber der 45-jährigen Frau, die zu Tode gekommen war. Und eigentlich wollte ich schon zurückschlagen. Davor schaute ich mir das Video aber noch einmal an und dann noch einmal, und irgendwas ließ mich innehalten.

Bachler ärgerte sich offenbar nicht nur über mein Urteil über das Urteil. Da war noch etwas anderes herauszuhören. Die »Arroganz und Überheblichkeit, mit der dieser Oberfalter der bäuerlichen Gesellschaft gegenübertritt«, sei unerträglich, sagte er. »Bäuerliche Gesellschaft«. Das Wort beschäftigte mich.

Und dann sagte er noch etwas: Ich, der erfolgreiche Städter, hätte, im Gegensatz zu ihm, »noch nie Existenzangst« gehabt. »Wie kann man mit unseren Ängsten so umgehen? Er kann sich in unsere Situation nicht einfühlen! Der Typ gehört einmal vom hohen Ross runtergeholt!«

Das war der zweite Satz, der mich kalt erwischte. Denn er stimmte. Ich hatte noch nie Existenzangst. Wenn ich Fehler mache, dann haftet mein Verlag, das war's. Bachler setzte dann noch eins drauf und forderte mich heraus: »Lieber Florian Klenk, ich lade Sie ein, oder besser gesagt, ich fordere Sie heraus! Steigen Sie ab von Ihrem hohen Ross in Ihrer Bobo-Bubble in Wien und kommen Sie zu uns, zum höchstgelegenen Bauernhof, und arbeiten Sie mit! Uns wäre es ein Anliegen, von Ihrer fachlichen und universellen Weisheit profitieren und lernen zu können!«

Es passierte zunächst das, was immer passiert, wenn es emotional wird im Netz. Die Leute verlieren ihre Hemmungen, zumal dann, wenn sie sich in einer Hetzmasse wähnen. »Florian Klenk vom *Falter* ist dreckiger linker Abschaum!«, postet einer unter das Video, der Satz stand noch zwei Jahre später da; ein anderer setzte nach: »Ja diese Worte sind richtig gewählt! Ist so!« Userin Isabella Z. kommentierte: »Also, Herr Klenk, diesen Sommer geht es nicht in die Toskana, sondern auf den Bauernhof, mithelfen bei der Arbeit!« Käme ich wirklich auf Bachlers Hof, werde den »armen Kühen die Milch sauer!«, warnte ein weiterer User.

Ob Bachler diese und weitere Kommentare gelesen hat, weiß ich nicht. Aber er hat sie stehenlassen. Sie gefielen nicht nur dem Bauernbund der ÖVP, sondern auch der rechtspopulistischen Freiheitlichen Partei, mit der Sebastian Kurz damals eine Koalition gebildet hatte.

Der *Wochenblick*, de facto die mit Steuergeldern gefütterte Parteizeitung der FPÖ, stilisierte Bachler zum Helden gegen das dekadente linke Bobo-Milieu: »Der Chefredakteur der Wiener Stadtpostille *Falter*, Florian Klenk, leckt noch seine Wunden: Seit Antritt der türkis-blauen Regierung hat seine Zeitung, die ihre Wurzeln im linksextremen Hausbesetzer-Milieu hat, mehr als eine halbe Million Euro weniger für Inserate erhalten. Gleichzeitig teilt der selbsternannte ›Kuh-Experte‹ nun gegen subventionierte Bauern aus.« Und weiter: »Während der Wiener Journalist den Bauern Vorschläge macht, wie sie ihren Hof zu führen haben, bangen indes viele Bergbauern um ihre Existenz, sollten solche Urteile die Runde machen.«

Wow, all das nur, dachte ich, weil ich ein Urteil eines Innsbrucker Gerichtes gelesen, zitiert und für richtig befunden hatte. Steckte hinter der Häme mehr?

Kurz nach diesem Artikel erreichte mich ein Schwall an E-Mails, die ich nicht wiederholen will, weil sie ein bescheidenes, aber eindeutig zu verortendes Vokabular verwendeten. So ging das also: ein *Falter*-Artikel; ein Auftritt in der Talkshow mit einem aggressiven Lobbyisten als Gesprächspartner; ein paar aufgeganselte Bauern; ein Wutvideo; ein Spottartikel in der FPÖ-Zeitung – und dann Schmähbriefe, per E-Mail, aber auch persönlich zur Post getragen, kuvertiert und frankiert. Die gereizte Gesellschaft zeigte sich in ihrer ganzen Pracht. Eines hatte Bachlers Fangemeinde freilich treffsicher erkannt: Ich kann wirklich keinen Nagel waagrecht in die Wand einschlagen.

Und eine Heugabel kann ich ebenso wenig bedienen wie die Melkmaschine.

Der Shitstorm zog bald ab, aber etwas beschäftigte mich, was Bachler ausgesprochen hatte: die Existenzängste.

Aus dem ersten Mailverkehr mit Christian Bachler:

»Da gibt's ein paar Missverständnisse. Ich hab das Urteil referiert. Und ich halte – als Enkel einer Bäuerin – keinen Bauern für dumm. Ich glaube, wir müssen das ausdiskutieren. Bei einem Glas Milch. Wann und wo?«

Christian Bachler: »Ja leck! Anhand der Alm kann ich dir dann im Sommer einige Perversionen der EU-Agrarpolitik live zeigen. Das glaubst sonst nicht. Da rühren wir dann noch mal ordentlich um.«

»Ich schlaf im Stall.«

»Da gibt's in dem Trottelland sicher eine Verordnung, die das untersagt.«

»Ich komme in Murau um 11 Uhr 58 an.«

»Bitte unbedingt gute, bergtaugliche Schuhe mitnehmen. Also knöchelhoch, am besten echte Bergschuhe, zumindest aber Trekkingschuhe. Ansonsten halt Bekleidung für alle Temperaturen bzw. solche, die dreckig werden darf.«

»Ich nehme meinen Slim-fit-Anzug mit. Versteck die Sennerinnen und die Kühe.«

»Geh leck!«

III

DAS PRAKTIKUM

In Bachlers Welt

Ursprünglich wollte ich gleich nach dem Wutvideo im Frühjahr zu Bachler fahren. Doch einiges kam dazwischen. Zuerst
hackte ich mir so in den Fuß, dass er anschwoll. Und Mitte Mai
2019 riefen dann auch noch die Kollegen von der *Süddeutschen
Zeitung* an und luden mich ein nach München. Es gebe da so
ein acht Stunden langes Video aus Ibiza, das sie mir vor Veröffentlichung gerne zeigen würden, streng vertraulich. Die Deutschen wollten den *Falter* bei den Recherchen hinzuziehen, zu
verworren und österreichisch waren die Dinge, die sie da auf
dem Video hörten.

Nicht alles war darauf für deutsche Ohren zu verstehen, daher brauchten sie einen Dolmetscher aus Wien. »Bist du deppert, die is schoaf«, sagte auf dem Video etwa der damalige
Vizekanzler der Republik, FPÖ-Anführer Heinz-Christian Strache, als er die vermeintliche Oligarchennichte sah. Mit seinem
Fraktionschef Johann Gudenus war er heimlich dabei gefilmt
worden, wie er ihr in einer Finca in San Rafael Milliardenauf-
träge zuschanzen und die mächtige *Kronen Zeitung* andrehen
wollte, weil »dann hast du die Macht«.

Strache redete auch viel über verdeckte Parteispenden und

Glücksspielkonzerne, die »alle drei« zahlen, also schmierten. Die deutschen Kollegen in München konnten kaum glauben, was sie da sahen und hörten. Gemeinsam saßen wir in einer kleinen Kammer im Investigativressort, die Glastüren mit Alufolie verklebt, damit niemand reinsehen kann, und wir transkribierten das Band und stopften Mannerschnitten in uns hinein. Ich wusste, dass die Regierung von Sebastian Kurz das nicht überstehen würde. Das Video hatte also Vorrang vor meinem Praktikum auf Bachlers Hof. Zur selben Zeit tingelte ich auch mit vier Burgtheaterschauspielerinnen durch Österreich, gemeinsam mit dem Schriftsteller Doron Rabinovici. Der langjährige Freund hatte die Reden europäischer Rechtspopulisten zu einem Theaterstück verdichtet. Wir nannten es »Alles kann passieren«, und wir wollten zur Sprache bringen, was wieder gesagt werden konnte. Wir protestierten gegen jene, die eine illiberale Demokratie anstrebten, die die Pressefreiheit aushebeln, den öffentlich-rechtlichen Rundfunk zerstören und durch Staatspropaganda ersetzen wollten. Wir protestierten gegen den Hass im Netz, der durch Parteien wie die FPÖ befeuert wurde.

Dann aber stürzte die türkis-blaue Regierung von Sebastian Kurz über das Video, und ein schmutziger Wahlkampf begann. Meinem Kollegen im *Falter*, Josef Redl, wurden geheime Buchhaltungsunterlagen der ÖVP zugesteckt, die wir veröffentlichten. Sie zeigten, wie Kanzler Kurz die einschlägigen Fairness-Bestimmungen bewusst missachtete. Doch seine Fans sahen ihm das nach, Kurz gewann die Wahl fulminant.

Im September, kurz vor der Intensivphase des Wahlkampfs, war ich dann aber so weit, meinen Koffer zu packen und mein Versprechen einzulösen. Am Telefon sagte mir Bachler noch einmal, ich solle warme Sachen mitnehmen, der Winter könne schnell hereinbrechen bei ihm oben im Prebertal. Und noch etwas sagte er: Ich möge bitte Stillschweigen bewahren über meinen Besuch. Im Ort seien alle sehr neugierig, wie der Bauer und der Bobo das Praktikum anlegen. Er wolle da oben seine Ruhe, sagte Bachler.

Ich reiste öffentlich, nahm den Railjet von Wien nach Unzmarkt und dann die Murtalbahn, einen Dieselzug, der die Mur entlangruckelt und mit seinen alten unbequemen, speckigen Sitzen völlig aus der Zeit gefallen scheint. Vier Stunden sind es von Wien aus. Die Waggons der Murtalbahn dürften etwa dreißig Jahre nicht erneuert worden sein. Im Winter zuvor hatte einer von ihnen sogar Feuer gefangen, ein Kabelbrand, wie mir der Schaffner erzählte. Nur Schüler und Pensionisten sind auf den Dieseltriebwagen angewiesen. Einmal ist der Zug samt Schülern sogar in die Mur gefallen.

Auf alten Stahlbrücken kreuzte ich die Mur, Traktoren wendeten Heu, der Mais stand prächtig im Feld. Eine Kulisse wie geschaffen für Servus TV. Was mich erstaunte: Es war ziemlich heiß, selbst hier am Fuß der Alpen, dabei sollte es bereits richtig kalt sein.

»Zu dieser Jahreszeit sollten wir Wollhauben tragen«, sagte Christian Bachler zur Begrüßung am Bahnhof in Murau. Wir standen beide in kurzen Hosen da. Seine Wadeln waren allerdings stämmiger als meine Stadtbeinchen.

Bachler holte mich mit seinem Auto ab, wir begrüßten uns schüchtern. Die Windschutzscheibe hatte einen Sprung, fast schien seine Kiste auseinanderzufallen. Es mache ihm nichts aus, zwanzig Kilometer von seinem Hof nach Murau zu fahren, sagte er am Telefon, er erspare mir die langwierige Busfahrt, und er müsse ohnedies ins Lagerhaus. Die Hitze mache den Tieren zu schaffen in der Krakau, diesem verwunschenen Winkel der Obersteiermark, benannt nach den »Kra«, den hungrigen Krähen, wie mir Bachler erklärte. »Sie picken die Silage-Ballen auf«, zum Ärger der Bauern. »Auf die Vögel darf man aber nicht schießen. Im Gegensatz zu den Hirschen, die hier noch immer nicht so richtig mit der Brunft beginnen. Für den Sex ist es ihnen noch zu heiß.«

Aber ehe wir uns endlich näher vorstellen konnten, stand ich mit Bachler schon in Regalgängen des Lagerhauses, die ich noch nie betreten habe. »Stallfliegenkonzentrat« gab es hier zu kaufen, »Antigeruchsmützen«, »Euterpapier« und »Silo-Reparaturband« für die von den Krähen aufgerissenen Ballen.

Bachler griff ins Regal zu einer blauen Tinktur namens Closamectin, dann nahm er eine Dose Steinöl um vierzig Euro aus dem Regal. »Wir brauchen die Schmiere für die Hörner der Yaks«, sagte er. Die würden von Pferdebremsen gequält, die neuerdings auch in den Hochalpen schwirren. Yaks in den Alpen? Ja, Yaks. »Der Klimawandel«, klärte mich Bachler auf, »es sollte hier eigentlich nächtens schon frieren.«

Er wirkte schüchtern, ganz anders als auf seinem Video, freundlich, zuvorkommend. Und ich bemerkte sofort, dass er ein großer Erklärer war, einer, der die großen umwelt- und klimapolitischen Fragen in kleine Geschichten herunterbrechen konnte. Er wäre ein guter Journalist geworden.

Die Geschichte mit den asiatischen Rindviechern zum Beispiel. Die »ziemlich aggressiven und unberechenbaren Tiere« habe er im Winter auf Willhaben entdeckt, einer Online-Plattform. Sie sollen die Schäden der Erderwärmung reduzieren, erzählte er mir. Er siedelte sie auf seiner Alm an, weil sie die Rasenschmiele fressen, ein spitzes, scharfes Gras, das einen wie ein Nadelkissen in den Hintern sticht, wenn man sich versehentlich oben auf der Alm draufsetzt.

Die Hitze habe das Gras noch widerborstiger gemacht, klärte mich Bachler auf. Man brauche bald Schnittschutzhosen auf der Alm. Früher, schon zur Römerzeit, hätten die Bauern deshalb Schafe oder Pferde auf die Alm getrieben, mit ihren Zähnen rupften sie die Halme einfach weg. Die Rinder hingegen verschmähen das rasiermesserscharfe Zeug. Schafe aber gibt es hier auf den steirischen Almen kaum noch. »Auch du kaufst wahrscheinlich neuseeländisches Importlamm im Supermarkt«, erkannte Bachler.

Aber auch die Yaks seien Opfer des Klimawandels, so wie alle Rinder hier, fuhr er fort. Die Klimakrise dringe in Form des Leberegels in ihre Körper. Versteckt in kleinen Wasserstellen schlummere der »Teufel«, wie Bachler ihn nennt, als Parasit in der Zwergschlammschnecke. Die Schnecke wiederum schleiche dank der Wärme immer höher auf die Almen. Und weil diesen Sommer die sonst glasklaren Bäche austrocknen, stillen die Rinder ihren großen Durst in sumpfigen Pfützen. Und da schlabbern sie die Zwergschlammschnecke samt Leberegel mit. Langsam frisst sich der Egel dann durch die Innereien. Und damit das nicht tödlich endet, schüttet Bachler das im Lagerhaus gekaufte blaue Closamectin auf die Rücken der Yaks. »Verstehst du?«

Die Tiere nehmen dann die Medizin über die Haut auf. Und da beginnt schon das nächste Problem: Wenn die Mistkäfer über die Kuhfladen der behandelten Yaks kriechen, fressen auch sie das Closamectin mit – und sterben sofort. Die Kuhfladen bleiben unzersetzt liegen, bis zu zwei Jahre lang. Und die Almen bleiben ungedüngt.

Alpine Willhaben-Yaks mit Leberegel, kurze Hosen statt Wollhauben und Fladen, die nicht mehr verrotten: Nur ein paar Minuten hatte ich mit Bachler im Lagerhaus verbracht und mehr gelernt als in jedem Interview mit einem Professor für Bodenkultur. Kein Vortrag an der Uni, keine TV-Dokumentation hatte mich so gefesselt wie dieses kurze Referat zwischen Eutersalben-Regal und Lagerhaus-Kassa. Innerhalb kurzer Zeit kapierte auch ich endlich, dass da etwas gründlich durcheinandergeraten ist in den Alpen: Globalisierung, Fleischindustrie und Klimakrise verändern das hinterste Gebirgstal. Und dann kam noch das Kuhurteil dazu, also eine ganz unmittelbare juristische Bedrohung. Und dann noch die Juristen und die Oberbobos, die ihm, Bachler, die Welt erklärten. Auf Servus TV im Schatten von Titos Flugzeug. Das war zu viel.

Schon bei der Begrüßung am Bahnhof befahl Bachler, man dürfe sich bitte von der Kitschkulisse entlang der Murtalbahn nicht täuschen lassen. Die Region liege auch wirtschaftlich danieder, in den vergangenen zwanzig Jahren sei ein Drittel der Leute weggezogen. Vor allem die Bauern seien in Not: Weil die Hitze die Wiesen habe verdorren lassen; weil das Futter daher immer teurer werde; weil die Bauern deshalb das Vieh abverkaufen müssen und die Preise fallen. »Die Leute sind verzweifelt«, sagte Bachler, sie wählten vermehrt Blau, die Roten und Schwarzen seien Sündenböcke. Zumindest würden die Menschen an den Stammtischen so reden, wenn es überhaupt noch Stammtische gibt. Die Wirtshäuser verschwinden hier ebenso wie die Schulen, weil es keinen Nachwuchs gibt.

Ja, Bachler redete sich in Rage in seinem staubigen Auto, mit dem wir nun vom Lagerhaus zu seinem Hof kurvten. Er klang wieder ein bisschen wie in seinem Wutvideo. Aber er ist kein Wutbürger. Er ist ein messerscharfer Kritiker der Agrar- und Klimapolitik. Und er hat gute Argumente, die er so formulieren kann, dass sie alle verstehen. Ich dachte mir: Politiker, die das Billigschnitzel verherrlichen, sollten auf einen wie ihn hören.

Vom Lagerhaus Murau dauert es nur eine halbe Stunde bis zu Bachlers Anwesen in Krakauhintermühlen, man könnte hier »Frau Holle« drehen oder eine Doku für die TV-Reihe »Universum«. Die Straße windet sich hinauf, die letzten Kilometer sind noch nicht asphaltiert, dabei schuften hier seit neunhundert Jahren Bauern am Berg, wie Bachler herausgefunden hat.

Auch das Handynetz ist schlecht. Für Bachler ist das ein echtes Problem: Über die Zimmervermietungsplattform Airbnb vermietet er seinen ausgebauten Dachboden, sogar Chinesen kämen nun vorbei, erzählt er, seltsame Leute, die auch in sein Schlafzimmer hineinfotografieren würden. Über seine Facebook-Seite vermarktet er sein Biofleisch.

Bachler will kein Modernisierungsverweigerer sein, sagt er, er denkt an die Zukunft, er will eine Wende, er lebt hier vor, wie es gehen könnte. Er macht sich schlau, wann immer es geht. Sogar auf der kalten Toilette stapeln sich Fachbücher über Almwirtschaft und Wurstproduktion. Am Smartphone liest er Reportagen der Hamburger *Zeit* über Ausbeutung auf Schlachthöfen oder stöbert in Google Scholar in alten Urkunden. Kürzlich fand er Gehaltslisten von Bergknappen, die in den umliegenden Bergen nach Gold schürften, zu Beginn des 15. Jahrhunderts war das. Das Tal hier hat eine lange Geschichte.

Schon nach wenigen Stunden auf seinem Hof lerne ich, was ihn bewegt: Die Entschädigung an die Kuhopfer ist es nicht. Es geht um die Lasten, die den Bauern in den letzten Jahrzehnten aufgebürdet wurden. Die bürokratischen Schikanen der EU-Fördergeber, die Quälereien durch die Agrarmarkt Austria, vor deren Kontrolloren die Bauern hier zittern, wie Bachler erzählt. Die Arroganz der schwarz regierten Bauernkammer reibt ihn auf, weil sie die Bauern wie dummes Vieh auf den falschen Weg geführt habe.

Bergerhof, Bachlers Heimat

Bachler produzierte jahrelang, so wie von der Kammer erwünscht, Masse statt Qualität. Man solle »fit für die Zukunft« sein, habe man den Bauern hier eingeredet. Der Milchpreis werde explodieren, »weil die Chinesen saufen uns leer«, und ganz Asien sei »aufs Milchsaufen draufgekommen«.

Dann kam die Wirtschaftskrise, und der Milchpreis sank von vierzig auf 23 Cent, »das Mineralwasser ist heute teurer als unsere Milch«. Die Banken seien jetzt die neuen Lehensherren, die Almen, seit Jahrhunderten bewirtschaftet, ihr wertvolles Pfand. Und niemand reiße das Maul auf. In der Politik nicht und in der Kammer nicht. Denn »die Sturschädeln, jene, die etwas weiterbringen wollen, werden von den Parteien einfach weggewaschen«. Man müsse kuschen, sonst werde man fertiggemacht. Bachler hat sich sogar einmal bei den Grünen Bauern engagiert, doch die Lust habe ihn verlassen, als die Ökos dazu aufriefen, mit rosa Traktoren auf die Loveparade zu fahren, um sich mit schwulen Bauern zu solidarisieren. Ja, das sei eh wichtig, aber die Probleme der Bauern hier seien doch anderer Art.

Bachler hält den Wagen an, sein pummeliger Hund Nessi empfängt uns mit Gebell. Er führt mich nun in sein Bauernhaus. An der Wand ein Ehrendiplom für die Großeltern aus dem Jahre 1964 für »30-jährige treue Bauernarbeit«, ausgestellt von der Landwirtschaftskammer. Bachlers Mutter, eine sanfte, stille und fleißige Frau, steht an ihrem mit Holzscheiten beheizten Herd und kocht butterweiche, köstliche Schweinekoteletts, die sie mir, dem Knecht, zur Begrüßung auf den Tisch stellt. Nessi springt auf die Bank. Die Bratkartoffeln sind nicht nur selbst angebaut, sondern traumhaft fett eingeschmalzen. Bachler erweist mir, seinem Gast, den er so beschimpft hat, alle Ehre. Ich denke mir: Der Mensch ist anders, wenn er sich in die Augen schaut.

Die Bachlers wohnen in schlichten Zimmern, und sie haben Humor: In der Dusche blickt ein fröhliches Mangalitza-Schwein von der Wand, Bachler hat es in Lebensgröße auf ein Plakat gedruckt, es sieht mir beim Duschen zu. Es ist saukalt in der Dusche.

Neben dem bescheidenen Haus öffnet sich sein großer Stall, durch den die Ferkel flitzen, die »Nutschis«, wie Bachler sie nennt, weil er ein bisschen Regenwasser stehen lassen hat. In den Lacken zappeln Fliegenmaden, ein Genuss für die Sauen, die mit Nessi raufen. Rundherum zwanzig Hektar Land, auf dem Weidegänse, Hühner und prächtig fette Puten Heuschrecken von den blühenden Gräsern knabbern. Ein Bilderbuchbauernhof ist das hier, denke ich mir, glückliche Tiere, gefüttert nicht mit Soja aus dem Amazonasgebiet, sondern mit dem Gras, das ringsum wächst.

Aber was bringt Bachler das alles, außer einem reinen Gewissen? 26 Rinder und sechzig Schweine füttert er hier durch, aber er lebt nach Abzug aller Ausgaben und Kreditraten von einem Gehalt von rund achthundert Euro. Ohne EU-Förderung wäre er am Ende, die Schulden für den Stall sind erst in zwanzig Jahren getilgt.

Die wenigen Tourismusbetriebe in der Region, so klagt er, kaufen billiges Importfleisch aus Deutschland, obwohl seine Ware aufgrund der Almkräuter, die die Tiere fressen, einen so feinen Geschmack hat, »dass das Kobe-Rind einpacken kann«.

Auf der Küchenbank liegt wie zum Beweis ein Prospekt des Gastrogroßhändlers Transgourmet. 16,66 Euro kostet das Kilo Rinderfilet aus Deutschland, 70 Euro verlangt Bachler ab Hof. Für nur 6,66 Euro ist das Schweinefilet zu haben. Wie soll ein anständiger Bauer da mithalten? Wie soll er überleben bei diesem unlauteren Wettbewerb mit den Nachbarn? 350 Euro verdiene ein Landarbeiter in Ungarn, sagt Bachler und haut mit der Hand auf den Tisch. Und auf einem Bauernhof im Osten könnten auf der gleichen Fläche doppelt so viele Puten gehalten werden wie hier. Das solcherart produzierte Billigfleisch liege dank EU auch bei uns im Regal. »Wem kann man es verdenken?«, wirft Bachlers Mutter ein. »Mit Schweinefleisch kriegt man seine Familie satt, mit Paprika nicht, obwohl er dasselbe kostet.« Viele Familien hier leben von 1200 Euro im Monat.

Frau Bachler serviert Topfenstrudel als Nachspeise, er ist weich und süß, und ihr Sohn erzählt, dass die Bauern mit dieser Industrieproduktion nicht mehr mitkämen, obwohl sie jahrelang auf Wachstum konditioniert worden seien: »Dänemark ist Vorbild! Das hämmerte man uns ein.« Dänemark! Einmal habe er eine Betriebswirtin aus Kopenhagen beherbergt. Ab zehntausend Schweinen, so rechnete sie ihm vor, sei ein dänischer

Bachlers Mangalitza-Schweine

Betrieb rentabel. Sechs Euro verdiene ein dänischer Bauer pro Sau, die die Sonne nie gesehen habe. Wenn das Vieh dann doch ein paar Stunden an die frische Luft getrieben werde, müssten Landarbeiter aus Belarus die Köpfe der Tiere mit Sonnencreme einschmieren, weil sie sich sonst den rosa Rüssel verbrennen und nicht mehr schnell genug fressen können. »So pervers ist das«, sagt Bachler.

Wir spazieren hinüber zum Gehege, wo er im März 2018 sein Wutvideo aufgenommen hat, das ein halbes Jahr später bereits von 250 000 Leuten angeklickt worden ist. Ich soll die Schweine mit Getreide füttern, trägt er mir auf. Die Sauen schlunzen, und dann grunzen sie, dass es eine Freude ist. Bachler züchtet hier keine Sonnenbrandschweine, sondern eine rare, fürs Gebirge geschaffene Rasse. »Alpen-SUVs« nennt er sie wegen der langen Beine. Die letzten Exemplare habe man bei alten italienischen Bauern entdeckt. 1916 seien die Tiere mit Zuchtverboten fast ausgerottet worden, weil sie nicht fett genug gewesen seien für die vom Weltkrieg geplagte Bevölkerung. Bachler aber schätzt die Alpenschweine, denn er kann sie mit Gras anspecken statt mit Regenwaldsoja.

Man wird wütend auf die Massenbetriebe, auch auf sich selbst, wenn man Bachlers Tiere hier in der Natur spielen sieht. Wütend auf die eigenen Ernährungsgewohnheiten. Wie die Tiere hier einander jagen, wie sie bei Wetterumschwüngen Mulden graben, wie sie miteinander herumtollen: fette, fellige Tiere, gefüttert mit gekochten Kartoffeln oder Schrot. Ein billiges Kindergartenschnitzel, wie von fast allen Parteien im Wahlkampf gefordert, geben die Viecher natürlich nicht her.

Wie anders ist die Welt hier als in diesen Megamastbetrieben und Turboschlachthöfen, die Bachler einmal besucht hat und nicht mehr aus dem Kopf bekommt. Ausgebeutete Arbeiter aus Osteuropa, »arme Schweine«, wie Bachler sie nennt, hätten an den Schlachtfließbändern gerade einmal sechs Sekunden Zeit, um eine Sau abzustechen. Dabei wisse jeder Bauer, »dass es zwei Minuten braucht, ehe das Leben aus einem Schwein verschwunden ist«.

Völlig wertlos seien solche Tiere heute. In den siebziger Jahren, erzählt Bachler, hätte sein Onkel für sechs Ochsen noch einen Traktor bekommen, so wertvoll seien Tiere gewesen. Und was bekommt er heute? »Die Reifen.« Alte Schafe werfen die Bauern überhaupt nur noch in die Kadavertonne, seit der private Ab-Hof-Verkauf an Muslime nicht mehr gestattet ist. »Das Schächtverbot gibt uns den Rest.«

Nicht nur das Billigfleisch, auch der Klimawandel wird die Gegend hier verändern. Und mit ihm den Tourismus und alles, was an ihm hängt. Wenn Bachler aus dem Fenster auf die Berge blickt, dann sieht er die Baumgrenze nach oben klettern.

Die Almen, auf denen die Touristen so gerne wandern, wachsen zu, die Fichten machen den Boden sauer. Aufgrund des Rückgangs der Almwirtschaft, insbesondere des Verschwindens der Schafe, wurzelt auch das Gras nicht mehr tief genug. So wird der Humus im Winter von riesigen, betonschweren Lawinen mitgerissen, die dann auch Geröll ins Tal schleudern. Wertvolle Almböden seien auf Jahrzehnte vernichtet, und damit sei auch die Agrarförderung für die Flächen dahin.

Nächster Tag, wir trinken Filterkaffee, auf dem sich die Milchhaut spannt. Dann ziehen wir los auf die Alm. In einem alten Opel-Kühlwagen, wieder ist die Frontscheibe zersprungen, geht es über eine Schotterstraße hinein in ein kühles Tal namens Krakauschatten. Hinten im Laderaum sitzt Nessi, neben ihm liegt die Motorsäge, mit dem Bachlers Freundin die wuchernden Wacholder zusammenschneiden wird. Vorher sammelt sie noch die Beeren. Abends wird sie die Früchte mit Bachlers Mutter sorgfältig rebeln, für den Gin. Es ist eine harte und undankbare Aufgabe. Aber würde man den Wacholder hier nicht roden, wäre die Alm sofort verbuscht, sagt Bachler.

Die Steige hier sind an manchen Stellen so steil, dass man bei einem falschen Schritt mit etwa achtzig Stundenkilometern ins Tal stürzen würde, sagt Bachler. Er kennt die Verletzten, er arbeitet bei der Bergrettung.

Meine Aufgabe heute: Ich darf die Kuhgatter öffnen, den orangen Kübel mit der geschroteten Gerste tragen und einen kleinen störrischen Stier streicheln, der während unserer ersten TV-Sendung mit Barbara Stöckl geboren wurde und den Bachler »Kleiner Falter« taufte. Einmal rennt mich beinahe eine fette Kuh um. Sie stürmt übrigens lautlos auf mich zu. Sie faucht nicht wie ein Drache. Sie trägt auch keine Mokassins, wie Bachler in seinem Wutvideo spottete. Hund Nessi zwickt sie gerade noch rechtzeitig in den Hinterhaxen und rettet mich. Es kann schnell gehen, sagt Bachler. »Sag ich doch«, erwidere ich und zeige auf seine vorbildlich eingezäunte Weide. »Geh leck«, sagt Bachler.

Das Tagesprogramm: Leberegelbehandlung der Yaks, dann Suche nach einem entlaufenen Kalb, das Bachler schon abgestürzt wähnt. Um das Tier zu suchen, stapfen wir eine mit märchenhaften Zirben bewachsene Weide hinauf, wie bei den Hobbits, den Fabelwesen aus Tolkiens Phantasie, sieht es hier aus.

Bachler reicht mir einen Zirbenzapfen, wir knabbern an den Kernen, sie schmecken wie Pinien irgendwo in der Toskana. Zirben seien der einzige Rohstoff, der wirklich noch Geld einbringe, sagt er. Zirbenholz sei gefragt, es beruhige den Herzschlag, es dufte, und aus den Bockerln brennt er würzigen Schnaps. Zirbenholzspäne stopft er in Kissen, die er mit Yak-Fotos bedruckt und über seinen Webshop verkauft.

Aber das ist schon alles. Die Forstwirtschaft bringe kein Geld mehr ein. Die Hitze schwäche die Wälder, die Borkenkäfer verwandelten den Forst in wertloses »Käferholz«. Notschlägerungen drückten den Preis. Dem nicht genug, hätten die Manager einer nahegelegenen Papierfabrik den Bauern sogar erklärt, dass sie ihr Holz nun aus Venezuela importieren würden. Und wie zum Beweis für die Misere läutet das Telefon, und am Apparat ist eine Bäuerin, die Bachler erzählt, wie man ihr den Holzpreis drückt. Er sagt zu ihr: »Die bringen uns noch um mit ihrem Geiz.«

Klimawandel, Fleischindustrie, Behördenschikanen, fallende Preise, die Launen der Weltmärkte, die Abwanderung: Wie wird das hier weitergehen? Bachler sagt, er habe begonnen umzudenken, und auch die Leute in den Städten sollten es tun, wenn sie im Supermarkt stehen. Er wolle den Tieren ihre Würde belassen und damit ein Auslangen finden. Wir sollten weniger Fleisch essen, weniger geizen, daran denken, dass Fleisch ein Lebensmittel ist, das einmal Augen hatte.

Wir essen Speck, den seine Mutter auf einer Schneidemaschine so hauchdünn aufschneidet, dass er auf der Zunge zergeht. Dazu selbstgestopfte Würste, so würzig und fein, als wären sie aus Wiens bestem Delikatessenladen importiert. Eine Touristin aus Deutschland sitzt auch in der Küche. Sie ist wegen der Almen gekommen. Bachler zeigt ihr am Handy Videos von archaisch anmutenden Faschingsumzügen. Die Männer tragen alte Masken, gefiederte Hüte, sie sind als Pferde verkleidet oder als Narren, sie spielen ein Ritual, das Hunderte Jahre alt sein muss. Eine stolze Dorfgemeinschaft im besten Sinne. Aber wie lange noch? Bachler: »Wir stehen am Abgrund.«

IV

RÜCKFAHRT NACH WIEN

Was weiß ich schon?

Der Postbus-Chauffeur wippt in seinem Postbus-Chauffeur-sessel, er dreht das riesige Lenkrad, um die großen Kehren hinunter ins Murtal auszufahren, und mir wird ein bisschen schlecht. Weil ich hinten sitze und aufs Handy schauen will – um Bachlers Videos von seinem Hund Nessi zu sehen.

Man sollte öfter mit dem Bus durch Österreich schaukeln, denke ich mir, dann schaut man nicht aufs Handy, weil man es weglegen muss. Ich blicke aus dem Fenster während der Fahrt von Krakauhintermühlen nach Murau, wo die schmierige Diesellok wartet, um mich zurück nach Unzmarkt zu bringen, zum Railjet nach Wien. Vier Stunden sind es wieder, vier Stunden zurück in die Stadt, zurück in meine andere Welt. Mein Kopf ist voll, ich lege die Wange an die Scheibe, sie kühlt.

Während der ganzen Fahrt bin ich der einzige Gast in diesem viel zu großen Buskasten, sieht man von einer alten Frau ab, die von Krakauhintermühlen nach Krakaudorf fährt. Die Landschaft, die Bergsättel, die fetten Wiesen. Alles nur eine falsche Idylle? »Wir stehen am Abgrund«, Bachlers Worte hallen nach.

Ich bin mit Bachler viel gewandert, steil hinauf dorthin, wo ich nie wandern würde. Und er hat mir die großen Fragen anhand der kleinen Dinge erklärt. Ich konnte kurz die Welt mit seinen Augen sehen, habe versucht, seine Welt zu verstehen. Das ist das Schöne am Beruf des Reporters, dass man Distanz zu sich selbst findet – und Nähe zu den anderen. Meine Reportage vom Praktikum erscheint eine Woche später im *Falter*. »Im Großraum Murau ist der *Falter* vergriffen! Bei uns hat sich für Montag sogar die Präsidentin des steirischen Landtags angekündigt. Sie will unsere Sicht zur Lage der Landwirtschaft hören«, schrieb mir Bachler per Whatsapp.

Ich kann seit meinem Praktikum keine Waldgrenze mehr sehen, ohne daran zu denken, dass sie aufgrund des Klimawandels so stetig nach oben kriechen könnte, dass es irgendwann keine Felsen mehr zu sehen gibt.

Ich stelle mir vor, wie die Almen aussehen, wenn sie nicht mehr bewirtschaftet sind, sondern mit Wacholderstauden verbuschen, die Bachlers Freundin so mühsam mit der Motorsäge zusammenschneiden musste. Ich inspiziere seit dem Besuch, so wie Bachler, Kuhfladen und schaue nach, ob sie von Insekten zersetzt werden oder vielleicht doch mit dem giftigen Closamectin kontaminiert sind, das er seinen Rindviechern als Medizin gegen den durch die Erderwärmung in Zwergschlammschnecken nach oben gekrochenen Leberegel auf das Fell schütten muss.

Ich kann auch kein rosa Schwein mehr sehen, ohne an die belarussischen Hilfsarbeiter zu denken, die diese Viecherln in dänischem Massenbetrieben mit Sonnencreme einschmieren, damit sie beim Spaziergang im Freien nicht von der Sonne verbrannt werden. Und mir fallen die rosa Traktoren der Grünen ein, über die Bachler spottete. Bachler hat mir dystopische Bilder in den Kopf gesetzt. Bilder einer vom Menschen pervertierten Natur, einer entfesselten, globalisierten Fleischindustrie, die Pestizide für das Futter einsetzt. Die Leben vernichtet.

Die Landschaft zieht vorbei, dicke Wolken türmen sich über dem Murtal. Wie es hier aussehen wird, in zwanzig oder hundert Jahren? Werden die Bauern auch hier, im hintersten Winkel der Steiermark, verschwinden, so wie sie in den vergangenen fünfzig Jahren in ganz Europa verschwunden sind? Werden sie dem Druck der Schlachthofindustrie standhalten, die irgendwo in Norddeutschland 30 000 Schweine in einen Stall stopft und mit CO_2 betäubt, weil das Töten schnell gehen muss, da sonst der Fleischpreis steigt? Dem Druck der Puten-Billigimporte aus Osteuropa, dem Druck der neuseeländischen Lamm-Importeure, die hier die Dorfwirtshäuser so billig beliefern, dass Bachler Willhaben-Yaks anschaffen muss, um die Rasenschmiele zu bekämpfen?

Oder werden netzaffine Bauern wie Bachler das Internet nutzen, um darin eine Selbstvermarktungs-Airbnb-Facebook-Nische für uns Bobos zu finden? Sind sie dann noch Bauern, die sich bei Umzügen als Pferde verkleiden? Werden sie sich für uns verkleiden? Oder werden sie zu Bio-Start-ups? Oder einfach nur zu Landschaftspflegern?

Wird der Bauernstand aus unserem Bewusstsein verschwinden, wird er einfach nicht mehr da sein? So wie die Handwerker und ihre Gilden in den Städten irgendwann weggefegt wurden von der industriellen Revolution? Die Gedanken schießen mir durch den Kopf, während der wippende Postbusfahrer das Lenkrad dreht und Andreas Gabalier hört.

»Aulalala, so a schöner Tag, ulalala, wo i a Engerl hob. Ulalala, so a schöne Nocht, da Himmel hod mir a Engerl brocht.«

Ich bin 1973 geboren, meine Eltern erlebten Sozialstaat und Wirtschaftsaufschwung. Not ist mir fremd, ich habe keine

Existenzangst verspürt, wie Bachler in seinem Wutvideo richtig erkannte. Der Gedanke, mich selbst durch landwirtschaftliche Arbeit versorgen zu müssen, ist mir fremd. Bei meinem Vater war das noch anders. Mein Vater war ein Bauernbub. Nebenerwerbsbauernbub, um genau zu sein. Es wird mir zum ersten Mal bewusst, dass er die bäuerliche Gesellschaft, von der Bachler erzählte, in seiner Jugend noch selbst erlebt hat. In Not ist er zum Glück nicht aufgewachsen.

Aber seine Kindheit war anders. Er hat seinen Vater, meinen Großvater, erst mit drei Jahren das erste Mal gesehen; abgemagert auf 48 Kilo, stand er am Hoftor, entlassen aus einem russischen Kriegsgefangenenlager. Nur Tasso, der Hund, hat ihn erkannt, erzählte mir später meine Tante Mitzi. So entstellt und verhungert war er nach dem Krieg. Das war nur 28 Jahre vor meiner Geburt. In nur wenigen Jahren wurde er wieder rund. Es wurde viel gegessen. Immer mehr Fleisch, anfangs nur am Sonntag. Dann fast jeden Tag.

Mein Vater gehört heute, so wie ich, einer privilegierten, urbanen Schicht an. Er hat Physik studiert, wurde IT-Berater bei IBM und später Manager beim Ölkonzern OMV. Er wuchs in einem Bauerndorf bei St. Pölten auf, in einer Welt, die im Jahr 1942, als er geboren wurde, der Welt im späten 18. Jahrhundert mehr ähnelte als der Welt von heute, wie er einmal bemerkte. Diese »bäuerliche Gesellschaft« ist verschwunden. Aber das wurde – anders als von Bachler – von vielen in diesem Dorf nicht als Abstieg erlebt, sondern als Aufschwung.

Ich selbst lernte Bauern oder ein Dorfleben in meiner Kindheit nur noch beim »Urlaub am Bauernhof« kennen. Wir besuchten viele Jahre hindurch im Skiurlaub eine Salzburger Bergbauernfamilie, die ihren dreihundert Jahre alten Bauernhof mit holzgetäfelten Fremdenzimmern ausgebaut hatte. Fleißige und rücksichtsvolle Leute, deren Kinder hart mitarbeiteten, aber zugleich auch fleißig lernten. Der Jungbauer saß mit 13 Jahren schon auf dem Traktor. Die Familie war außerordentlich offen und gastfreundlich zu uns, wir sind noch heute befreundet. Man servierte uns Städtern Kasnocken und Buchteln, Speck und Vogelbeerschnaps. Wir saßen als Touristen auf der Vorderbühne, von der bäuerlichen Produktion auf der Hinterbühne sahen wir so gut wie nichts.

Immerhin durfte ich als Bub in einen Stall hineinschauen, am Heuboden herumtollen, die Kühe ein bisschen melken, bei der Geburt eines Kalbes zusehen. Ein paar Momente blickte das Stadtkind hinein in die Lebenswelt der Bauern. Ihre Traditionen, ihre Kultur, ihre Religiosität hatten schon damals etwas Faszinierendes. Das Ausräuchern des Stalles in der Silvesternacht, das Sternsingen, das monotone und mit Ehrfurcht gebetete »Gegrüßet seist Du, Maria, voll der Gnaden«, das in den selbstgebackenen Brotlaib geschnittene Kreuz. Und zugleich das politische Interesse des Bauern, der seine *Salzburger Nachrichten* täglich am Küchentisch ausgebreitet hatte, Schlagzeilen unterstrich und keine »Zeit im Bild« im ORF versäumte. Diese Mischung aus politischer Bildung, religiöser Ehrfurcht, harter Arbeit und Gemeinsinn, das beeindruckt mich noch heute. Bauern sind erstaunlich oft politische und politisierte Menschen, das wurde mir damals klar.

Aber sonst? Was weiß ich schon von Bauern und Bauerndörfern? Auch meine Erinnerungen an den Hof meiner Großeltern in Ratzersdorf, einer Siedlung nahe der niederösterreichischen Landeshauptstadt St. Pölten, verblassen.

Es sind nur noch ein paar Bilder da. Das Klo im Hof, das immerhin schon einen kleinen Heizkörper und eine Wasserspülung hatte. Daneben der Hühnerstall, wo es keine Hendln mehr gab. Es lag dort bloß noch das Gipsei in einem Nest, neben das die Hühner seinerzeit ihre Eier legen sollten.

Im ehemaligen Schweinestall huschten nur mehr Mäuse durch die leeren Kobel. Ein altes Foto zeigte meine Tante Elfi, wie sie in den Fünfzigern als Kind im Nachthemdchen neben einer dicken Sau steht. Stuzi, der Hund, war in meiner Kindheit das einzige Tier am Hof. Er lebte in einer Hundehütte, und als er alt und krank war, hat ihn ein Onkel erschossen, und die Oma schrieb ins Fotoalbum »Stuzi gestorben«.

Ein paar solcher Erinnerungen hab ich noch im Kopf. Der kühle Erdäpfelkeller. Der Hergottswinkel aus Zirbenholz. Die Speis mit der Tiefkühltruhe, die so voll war, dass wir noch lang nach Omas Tod ihre Strudel andächtig essen konnten. Ihr Rezeptbuch voll mit geheimnisvollen Rezepten von »Bekereien« aus den dreißiger Jahren. Mein Vater hat es aus der Kurrentschrift übersetzt.

»Schneenockerl für Kranke«, »Hexenschaum«, »Napoleonschaumtorte«, »Hausfreund«, »Kriegstorte«, »Soldatenfreund«. Für diesen nehme man »¼ kg Mehl, ⅛ kg Zucker, 1 Ei, ½ Backpulver, 10 dkg Nüße, 5 dgk Rosinen, etwas Flüßichkeit, Rum, zirka 1 Schokorippe, 3 dkg Zitronat«.

»Du hast von einem Dorfleben in Wirklichkeit keine Ahnung«, sagt mein Vater heute oft zu mir. Das Bauerndorf, wie er es erlebte, gibt es nämlich nicht mehr. Es ist verschwunden, meint er, so wie die Bauerngesellschaft überall verschwunden ist.

Anfang der sechziger Jahre begann das Ende, als die Fernsehapparate und die Autos in die Dörfer kamen und die inzwischen asphaltierte Dorfstraße für die Kinder lebensgefährlich wurde. Als die ersten Supermärkte in St. Pölten die kleinen Dorfläden ruinierten. Als viele ehemalige Bauern nun täglich zur Arbeit in die Stadt fahren mussten, zum Beispiel in die Glanzstoff-Fabrik, die den Fluss Traisen vergiftete. Die bäuerliche Gesellschaft in Österreich ist eine versunkene Welt. Aber man kann sie vom Himmel aus noch erkennen.

Ich suche Ratzersdorf auf Google Maps, zoome mit den Fingern hinein in die Buchberger Straße, in der mein Vater aufwuchs. Ja, man erkennt sie noch, die alte Dorfstraße, von der er immer erzählt, die eng aneinandergebauten, geduckten Bauernhäuser mit ihren Hinterhöfen bilden eine lange Zeile. Sie war das Abbild einer egalitären Gemeinschaft, in der alle wenig hatten, aber keiner nichts. Mein Großelternhaus gibt es noch, mein Vater hat es vor zwanzig Jahren an eine junge Familie verkauft. Von außen wirkt es fast unverändert. Aber innen drinnen wurde es in ein reizvolles Atriumhaus umgestaltet. Im Hof, in dem zur Jugendzeit meines Vaters noch die Hühner scharrten, liegt jetzt feiner Rasen, daneben alte Steinplatten, ein Alpengarten, überdachte Terrassen, eine Außenküche, Blumen, Sträucher und ein kleiner Pool. Im Schweinestall ist jetzt eine Sauna untergebracht, aus den Stalltüren wurden Vintage-Möbel.

Vielleicht zweihundert Meter hinter der Dorfstraße, dort, wo damals noch Pferde den Pflug durch die Äcker zogen, steht nun ein großer, neuer Ortsteil von Ratzersdorf: etwa dreihundert Einfamilienhäuser, dicht an dicht im Schachbrettmuster.

Die rund fünfhundert Quadratmeter großen Grünflächen der einzelnen Bauparzellen sind hinter Lorbeerhecken, Steingabionen und Pampasgras versteckt. Abends ist hier kein Dorftratsch zu hören, keine Kegelbahn, kein Dorffest, sondern das leise Klicken der Bewegungsmelder, die Scheinwerfer anwerfen, wenn man einem Haus zu nahe kommt. Fast jedes Haus hat Rollläden. Kinder toben, wenn überhaupt, in Trampolinen, aber nicht mehr gemeinsam auf der Dorfstraße, denn es gibt keine Dorfstraße mehr.

Am nahen Stadtrand von St. Pölten sieht es jetzt so aus, wie es überall aussieht vor den Kleinstädten. Zuerst der Kreisverkehr, dann – wie Wegelagerer aufgereiht – die Tankstellen, Supermärkte, Autohäuser, Cineplexx-Kinos, die den Zentren das Geld entziehen. Dann die Siedlungen wie Neu-Ratzersdorf, die längst keine Dörfer mehr sind, sondern genormte Rückzugs- und Erholungszonen. Man erreicht sie über Transitrouten, über die man zum Arbeitsplatz auspendelt, oft bis nach Wien. Man schläft hier, aber arbeitet woanders, kauft woanders und geht woanders aus.

V

GESPRÄCH MIT MEINEM VATER I

»Es war eine große Gemeinschaft«

Gibst du mir ein Interview über die bäuerliche Gesellschaft im Dorf?, frage ich meinen bald achtzigjährigen Vater. Wir sitzen am Esstisch in seiner Wiener Innenstadtwohnung. Er schneidet Speck auf und Brot. Ich nehme die schallschluckenden Kopfhörer, schalte das Aufnahmegerät ein.

Papa, wenn du die Augen schließt und zurückdenkst an deine ersten Erinnerungen als Kind im Dorf. Woran denkst du?
Da fällt mir unsere riesige Scheune in Ratzersdorf ein und der darunterliegende Erdäpfelkeller. Und dass mir Mizzi, meine älteste Schwester, immer erzählt hat, dass ich als Baby in einer Gehschule eingesperrt war im Hof und dass ich mit Vergnügen aus der Gehschule rausgegriffen habe und geschaut habe, ob ich irgendwas von dem Hühnerdreck erwische. Und den habe ich mir dann ins Gesicht geschmiert.

Später habe ich den Hühnerdreck im Hof gehasst, beim Ballspielen als Bub oder wenn ein Schulfreund gekommen ist vom Gymnasium, und man hat dem zeigen müssen, dass da die Hendln alles anscheißen. Da war ich heilfroh, dass wir den Hendlstall dann abgetrennt haben. Beim Misthaufen durften die Hendln ja sein, aber nicht mehr im Hof. Es werden vielleicht dreißig, vierzig Hühner gewesen sein, und die haben fleißig Eier gelegt. Und ab und zu haben wir eins, wir sagten es so, ermordet und aufgegessen.

Wie oft ist ein Hendl geschlachtet worden?
Na ja, vielleicht zwei im Monat. Ab und zu waren es jüngere, aber meist waren es alte, die keine Eier mehr gelegt haben, die wurden als Suppenhuhn verwertet

Ab 15, 16 Jahren hat meine Mutter immer mir den Auftrag erteilt, dass ich das Hendl schlachte, sie selbst wollte das nicht machen. Ich habe eines eingefangen, bei den Füßen genommen, auf den Hackstock gelegt und ihm mit einem Schlag, zack, den Kopf abgehackt. Manchmal sind sie noch ein bisschen herumgelaufen, ohne Kopf. Für die Kaninchen war der Vater zuständig.

Also zweimal im Monat ein Hendl. Habt ihr Hendln auch woanders gekauft?
Hendln nicht, aber manchmal habe ich vom Geißberger Tauben geholt, die sind dann zu einer Geflügelsuppe verarbeitet worden. Fünf Schilling haben die gekostet, glaube ich. Der Geißberger Sepp hat sich damit einen kleinen Nebenerwerb aufgebaut. Er hat durch ein Loch in den Taubenkobel hineingegriffen und hat die Taube rausgeholt. Dann hat er ihren Kopf genommen, hat eine rasche, zack-zack, Bewegung gemacht, den Kopf hin und her, dabei den Körper festgehalten, dann war das Genick gebrochen, das Tauberl war tot. Ich bin mit den Tauberln wieder heimgegangen. Die Mama hat ihnen die Federn gerupft und sie ausgenommen und dann zu einer Suppe verkocht. Das war meistens eine Einmachsuppe mit Knöderln.

Die haben einiges an Fleisch hergegeben, die Tauben. War eine gute Suppe. Also das war ein bisschen Fleisch. Fleisch war ja teuer, neben dem jetzigen Käferböck-Wirt gab es eine Verkaufsstelle, die war am Freitag und Samstag besetzt vom Zehetner, dem Fleischhauer aus Pottenbrunn.

Welches Fleisch hat man da gekauft?
Alles. Da hast du Rindfleisch gekriegt, Schweinefleisch – vielleicht auch Pferdefleisch, da kann ich mich nicht so gut erinnern. Hühner eher nicht. Mit Hühnern haben sich die Bauern immer selber versorgt, auch die Kleinstbauern oder Nebenerwerbsbauern, wie wir welche waren. Ja, also Fleisch hat es schon gegeben. Und die Frau Gelb, die nebenan das Gemischtwarengeschäft gehabt hat, die hat Wurst verkauft und solche Sachen.

Wie oft hat man Fleisch gegessen im Ratzersdorf Anfang der fünfziger Jahre?
Da hast du sehr viel Hausmannskost gehabt, und da war immer ein bisschen Fleisch drinnen. Ins Kraut ist ein bisschen Speck hineingeschnitten worden, oder es hat die Mama zum Beispiel ein Erdäpfelgulasch gemacht. Da hat sie mich rübergeschickt zur Frau Gelb: »Hol mir gschwind fünf Deka dürre Wurscht«, und die hat sie dann ins Erdäpfelgulasch geschnitten. Es ist den Bauern im Grunde genommen nicht schlecht gegangen, auch mit dem Fleisch nicht. Das war auch gut so, weil sie ja sehr schwer gearbeitet haben damals. Sie haben auch selber Schweindln geschlachtet, und von den Schweindln gab es dann Schmalz und Fett und Speck und auch Geselchtes. Am Abend hat man sich oft vom G'selchten etwas heruntergeschnitten.

Typischerweise haben wir am Sonntag entweder Schnitzel gehabt oder Schweinsbraten oder ein Hendl. Wir gehörten ja nicht zu den Armen, obwohl die Landwirtschaft so klein war. Der Vater hat gut verdient, er war bei der Versicherung als hauptberuflicher Versicherungsvertreter.

Was haben die Ärmeren gegessen?
Die haben sich mit Innereien, mit ein bisschen Speck, aber auch mit Pferdefleisch drübergeholfen. Aber wichtig war das Fett. Die Nudeln wurden abgeschmalzen, und es sind irgendwelche Gewürze dazugekommen. Speziell die Bauern, aber auch die Handwerker waren ja den ganzen Tag körperlich stark beansprucht.

Anfang der Fünfziger, womit ist man da durchs Dorf gefahren?
Der Normalfall bei den Bauern war ein Pferdefuhrwerk.

Fahren wir damit gemeinsam durch die Dorfstraße. Wie schaut ein Bauerndorf 1950 aus?
Die Straßen waren nicht befestigt. Wenn es vorher geregnet hat, war alles voller Lacken, und im Straßengraben – sofern einer da war – ist das Wasser gestanden, vermischt mit Rossknödeln oder mit Kuhfladen, denn ein paar Bauern haben mit einem Ochsen ihr Gefährt gezogen. Auch die Hendln haben hingeschissen. Die ganze Dorfstraße war voller Leben, tierisches und menschliches Leben, und voller Dreck, wenn man so will. Im Sommer, wenn sie ausgetrocknet war, hat es halt gestaubt. Mein Vater hat einmal gesagt: »Ratzersdorf ist wie ein Arschloch, einmal Wind, einmal Dreck.« Wenn man da jetzt runtergefahren ist mit einem Pferdefuhrwerk, hat man alle zwanzig Meter irgendwen gegrüßt. Eine Dorfstraße war sehr lebendig.

Vater Klenk mit seiner Schwester Margarete in Ratzersdorf

Und als Kinder sind wir überhaupt ständig auf der Dorfstraße oder in den angrenzenden Bauernhöfen herumgelaufen. Wir haben jedes Haus gekannt. Es war einfach eine große Gemeinschaft.

Wie sahen die Höfe von innen aus?
Die Bauernhöfe waren alle relativ primitiv. Das hat man ihnen aber von außen nicht angesehen. Drinnen hat es noch manchmal eine Küche mit einem gestampften Lehmboden gegeben. Das war aber schon die Ausnahme. Meistens haben sie irgendwelche dicken Holzbrettln drinnen gehabt.

Jedes Bauernhaus – und es waren ja fast alles Bauernhäuser in der Dorfstraße – hat das große Einfahrtstor weit offen stehen gehabt, und die Kinder haben reinlaufen können und drinnen herumlaufen, wo sie wollten. Man hat überall hineingesehen, und die Bauern sind aus- und eingefahren, je nachdem, was sie gerade zu tun gehabt haben. Die Höfe waren alle zur Straße hin geöffnet, und auch die Leute waren offen. Die meisten haben ein Bankerl vorm Haus stehen gehabt, wo sie sich am Abend oder am Sonntag hingesetzt haben. Die Dorfstraße war voller Leben und voller Gatsch. Es war also alles recht lustig für Kinder. Auch die Landluft war eher etwas Angenehmes, obwohl es ja in Wirklichkeit nach lauter Scheiße riecht. Die Scheiße ist im Bauerndorf allgegenwärtig gewesen. Du hast im Stall zwar eine Streu gehabt, aber da haben die Viecher alle hineingemacht, und dann hast du das alles ausgemistet. Das Klo war ein Plumpsklo, da hast du auch deine Sachen hinterlassen, weithin wahrnehmbar und dort verbleibend, bis wieder einmal ein Bauer mit seinem Jauchewagen gekommen ist und die Grube mit so etwas wie einer Handpumpe geräumt hat. Misthaufen, Plumpsklo, Stall – das war alles ganz normal. Die Bauern haben die Stiefel ausgezogen, wenn sie in die Wohnung hineingegangen sind. Wenn man allerdings in die Stadt gefahren ist, da haben die Bauern drauf g'schaut, dass der Gestank vermieden wird. Da hat es dann ein Sonntagsgewand gegeben und eigene Schuhe. Da hat man aufgepasst, damit man in der Stadt nicht stinkt.

Man musste aber gar nicht so oft in die Stadt fahren. Damals hat es jegliches Alltagsgewerbe im Dorf gegeben, aber auch Schule, Kirche, Kirtag und Theatergruppe. Es gab etwa hundert Häuser im Dorf, darunter waren drei Gasthäuser, die durchaus floriert haben, drei Gemischtwarenhandlungen, davon war eine auch noch eine Bäckerei, und eine war im Nebenhaus – die Frau Gelb. Es gab zwei Schuster, einen Schneider, zwei Schmiede, einer davon unser Nachbar, ein Huf- und Nagelschmied. Da habe ich als Bub noch zugeschaut, wenn er in der Esse das Eisen glühend gemacht hat. Dann haben er und sein Sohn daran herumgehämmert und irgendwelche Schmiedestücke produziert. Oder es sind Pferde gekommen, und er hat ihnen neue Hufeisen verpasst. Das hat einen Zischer gemacht und gab einen speziellen Geruch von verbranntem Horn. Was gab es noch? Eine Großtischlerei und später auch eine Karosseriespenglerei. Ein Bauer hat nebenbei Milchprodukte verkauft und auch die Milch in die Molkerei geführt und Produkte wieder zurückgebracht. Mehrere Bauern haben damals – so auch mein Großvater – aus dem Traisen-Flussbett Schotter und Sand herausgesiebt.

Man hat eigentlich wenig aus dem Dorf rausmüssen. Es war auch umständlich. Im Normalfall hatte man ein Pferdefuhrwerk. Da bist du mit vier Stundenkilometern unterwegs gewesen. Also war die Stadt eine Stunde entfernt und wurde nur für besondere Anlässe besucht. Mit dem Fahrrad ist man schneller gewesen.

Aber die Stadt war etwas anderes, Fremdes. Das Dorf war ein in sich geschlossener Lebensbereich. Die meisten Arbeitsplätze waren auch im Dorf. Das hat sich komplett verändert.

VI

DER FALTER

Eine Wiener Wochenzeitung, der Journalismus
und der Blick von Journalisten auf die Natur

Als wir uns an der Postbus-Haltestelle Krakauebene unweit seines Hofes verabschiedeten, hatte ich Bachler noch ein Angebot gemacht. »Wutbauer, der Oberfalter lädt dich auch zu einem Praktikum ein: Komm ein paar Tage zu uns in die Redaktion.«

Bachler schluckte zwar, aber er sagte zu: »Ja leck! Dann fang i gleich an Kaffee kochen üben.« Sobald Zeit sei, sagte er, werde er kommen, dann, wenn er wieder Luft habe. Und nimm den »Kleinen Falter« mit, scherzte ich, den stellen wir auf den Heldenplatz. Einem Jungstier hat Bachler diesen Namen verpasst.

Eine Woche, dachte ich, sollte Bachler eine für ihn fremde Welt kennenlernen; mein kleines Büro in der verwinkelten und mit Patina überzogenen Redaktion in der Wiener Innenstadt. Hier, in den Hallen einer alten Tuchfabrik, üben wir ein anachronistisches Handwerk aus: Wir machen eine Zeitung aus Papier, die wir im Internet nicht verschenken, sondern unseren Abonnenten auf die Türmatte legen.

Wären wir ein Bauernhof, wir wären wohl Biobauern, die, so

wie Bachler, auf Facebook gegen Massenproduktion aufbegehren und langsam, aber nachhaltig wachsen. Bachler, so mein Wunsch, sollte diese Welt des Journalismus, des Kommentierens, Diskutierens, Investigierens kennenlernen, also das Gegenteil der Shitstorm-Kultur, die Bauer und Bobo, Stadt und Land zusammenkrachen ließ. Ich wollte ihm auch zeigen, dass es »die Medien« nicht gibt. In seinem Wutvideo hatte Bachler mich persönlich angegriffen, aber es schwang – zumindest bei seiner Anhängerschar – noch etwas anderes mit. »Die Medien« hätten in Wahrheit keine Ahnung von dem, worüber sie berichten, spottete er. Leute wie ich würden in ihrer selbstgefälligen Blase leben, fernab des wirklichen Lebens, und herabschauen auf Leute wie ihn. Sie hätten keine Ahnung von den Sorgen der Menschen, den Bauern etwa. Der Vorwurf der Ahnungslosigkeit ist nicht neu. In seiner radikalsten Form ist er die Anklage der »Lügenpresse« oder »Lückenpresse«.

Als mich Wutbauer Bachler seinerzeit auf seiner Facebook-Seite verhöhnte und sich die digitale Heugabelmeute hinter ihm versammelte, war das für mich auch eine neue Erfahrung. Böse Leserbriefe habe ich oft bekommen, manche mit Zierleiste. Aber die Dynamik von Shitstorms hat auch etwas Unheimliches: Unsere offene Gesellschaft, die von Austausch, Diskussion und Dissens lebt, verwandelt sich in sozialen Medien innerhalb weniger Sekunden in eine gereizte Meute. Die Gesellschaft polarisiert sich, zerfällt. Dem entgegenzuwirken, so meine Vorstellung, könnte auch die Aufgabe von Journalismus sein.

Natürlich wollte ich Bachler nicht nur kennenlernen, sondern ihm auch jene Leute vorstellen, die in der Redaktion über Landwirtschaft, Natur, die Tierwelt und über die Fleischindustrie schreiben. Ich selbst bin ja, wie er in seinem Video höhnte, nur Jurist. Der *Falter* ist, anders als die Bauernvertreter ihrer Klientel weismachen wollen, sehr interessiert an der bäuerlichen Welt, an den Produktionsbedingungen und an der Natur.

Zwei Kollegen aus der Steiermark würde ich Bachler gerne vorstellen. Gerlinde Pölsler, langjährige Reporterin mit einem Büro in Graz, mit der ich vor knapp einem Vierteljahrhundert gemeinsam eine Journalismusschule absolvierte. Seit mehr als 15 Jahren schreibt die Soziologin für den *Falter,* und zufälligerweise stammt sie aus Bachlers Bundesland. Sie recherchiert genau in jenen Schweineställen und Hühnerfabriken, die Bachler so anprangert. Sie deckte genau die Brutalität von Tiertransporten auf, die Bachler nicht mehr ertragen konnte, und darüber hinaus ist sie bestens mit Tierrechtsaktivisten vernetzt, die ihr immer wieder Bilder aus heruntergekommenen Schweinemastbetrieben, Schlachthöfen oder Hendlfarmen schicken. Aus dem Archiv hätte ich eine Coverstory hervorgekramt, in der Pölsler minutiös dokumentiert, wie es sein kann, dass ein Brathuhn im Penny-Markt »bratfertig« um 3,39 Euro das Kilo angeboten werden konnte – und zwar mit dem Gütesiegel der Agrarmarkt Austria. Auf einem steirischen Geflügelhof entdeckte die Reporterin Hunderte aufgestapelte Kisten, aus denen es tschilpte. In jede dieser Kisten waren einhundert Küken gestopft. 300 000 Mastküken pro Woche haben diesen Betrieb verlassen. Dreihunderttausend, das ist zweimal die Einwohnerzahl von Salzburg. In einer Woche, nur hier. Sie werden darauf gezüchtet, extrem schnell Fleisch anzusetzen: von vier Gramm auf bis zu zwei Kilo in 35 Tagen. Viermal schneller als vor fünfzig Jahren. Männliche Küken werden nicht für die Mast verwendet, sondern millionenfach geschreddert. Das Gesetz erlaubt diese Vernichtung.

Pölsler erkundete nicht nur solche Tiervernichtungsfabriken, sondern auch den Niedergang eines Bauernstandes, der mit diesen industrialisierten Produktionsformen nicht mithalten kann. Ich hätte Bachler auch gerne die Reportage über die in Not geratenen und völlig überforderten und verwahrlosten Bauern gezeigt. Meist alleinstehende Männer, die zu Messies werden, ihre Höfe nicht mehr aus eigener Kraft bewirtschaften können, sich das aber nicht eingestehen. Tiere verhungern dann im Stall oder auf der Weide und verwesen dort. Die Bilder, die wir damals zugespielt bekommen haben, erinnern mich an Aufnahmen von Schlachtfeldern des Ersten Weltkrieges, die verwesende Pferde zeigen.

In der Redaktion gibt es auch den Biologen Peter Iwaniewicz, einen verschmitzten Ministerialrat aus dem Umweltschutzministerium, der seit zwanzig Jahren nebenberuflich eine Tierkolumne schreibt. Er könnte mit Bachler wohl stundenlang darüber streiten, ob es sinnvoll sei, dass in den Alpen Wölfe leben. Nein, sagt Bachler, denn dann gibt es dort keine Schafhirten mehr, weil die nicht Futter für Wölfe züchten. Ja, sagt Iwaniewicz, der Wolf gehört in die Alpen. Die Bauern würden übertreiben, die Natur gehöre nicht ihnen, sondern sich selbst.

Zoologie und Biologie, erklärte mir Iwaniewicz einmal, sei »Welterfahrung«. Wer die Natur zu beobachten wisse, wer sehen lerne, wie Tiere leben, der verstehe die Gesellschaft, dem würden sich die Augen öffnen für all die Geschichten im Mikrokosmos. Das sei nicht nur für Städter und deren Kinder wichtig, sondern vor allem auch für die Leute auf dem Land, Bauern zumal, »die glauben, sie hätten irgendeine Ahnung von Natur, nur weil sie eine Kuh halten und einen Wald schlägern können«. Die Natur, so sagt er, »ist nicht mehr frei. Sie muss für den Menschen einen Zweck verfolgen, sie gehört jemandem.«

Wiesen, Felder, Kühe seien für uns nur noch Produktionsmittel. »Die Natur darf nicht mehr für sich existieren, sie musste sich dienstbar machen lassen.« Und was sich nicht dienstbar machen lässt, darf einfach so getötet werden.

Iwaniewicz lehrte mich noch etwas: dass Medien wilde Tiere immer als Gefahr und Bedrohung dramatisieren: Schlangen, Füchse, Wölfe, Wespen, Fische. Solches Getier sieht der Boulevard am liebsten tot statt lebendig. Wenn ein Fuchs am Campingplatz auftaucht, dann muss er erlegt werden. Es gebe aber keine »nützlichen« oder »unnützen« Tiere. Es gebe generell kein unwertes Leben im Tierreich, jedes Tier habe das Recht zu existieren. Das sinnlose Morden von Schnecken, das leidenschaftliche Vergiften von Maulwürfen, das gedankenlose Zerdrücken von Ameisen, das rituelle Erschießen von edlen Fasanen: das sei Ausdruck einer menschlichen Gedankenlosigkeit oder Verrohung. Man solle Kindern daher schon sehr früh antrainieren, dass sie »Aaahhh!« sagen, wenn sie ein kleines Tier sehen, und nicht »Iiiiiih!«.

Und natürlich hätte ich Bachler unseren Klimaschutzexperten Benedikt Narodoslawsky vorgestellt. Gemeinsam interviewten wir einmal Greta Thunberg. Er schrieb ein Buch über die Fridays-for-Future-Bewegung und deckte auf, wie aufgrund von enormen Pestizid-Einsätzen Böden und Wasser so vergiftet werden, dass mit den Insekten auch die Vögel sterben. Ihm verdanke ich auch Aufklärung darüber, wie sehr die industriellen Dünge- und Unkrautvernichtungsmittel unsere Landschaft ruinieren und wie stark die intensive Bewirtschaftung der Felder die Artenvielfalt zerstört. Und nicht zuletzt zeigte er mir als Erster die »Rote Liste der vom Aussterben bedrohten Tiere Österreichs«, erstellt vom österreichischen Bundesumweltamt. Vielleicht sollte man die Namen dieser Lebewesen einmal von A bis Z abdrucken: Abgeplattete Teichmuschel, Adlitzgraben-Zwergquellschnecke, Alpen-Dickkopfzikade, Alpen-Federkiemenschnecke, Alpen-Grünwidderchen, Alpen-Schilfspornzikade, Apenninen-Langbeinkanker, Asiatische Keiljungfer, Baltische Schilfspornzikade, Bauchige Höhlendeckelschnecke ... und noch 377 andere bis zur Zwergohreule und zur Zylindrischen Quellschnecke.

VII

GESPRÄCH MIT MEINEM VATER II

Sautanz mit Susi

Mein Vater spricht, und ich höre zu. Wir reden über Tiere in der bäuerlichen Gesellschaft, über die sogenannten Kettenhunde, über Hofkatzen, die nicht gefüttert werden müssen, über Rinder, die ihr Leben lang angebunden waren. Und über Schweine.

Während mein Vater erzählt, legt er Schnitzerl, Fleischlaberln und ein paar Scheiben Schweinsbraten auf den Tisch, so wie das seine Mutter in Ratzersdorf getan hat, wenn Besuch kam. Während des Interviews essen wir alles auf, mit Genuss, aber auch gedankenlos.

Mein Vater kauft das Fleisch bei einer bekannten Wiener Fleischerei. Dass auch dieser Betrieb Fleisch beim berüchtigten deutschen Schlachtbetrieb Tönnies bezieht, weiß ich erst seit kurzem. Ich verdränge es in dem Moment, in dem ich die Happen verzehre. Aus der Reportage »Von Sklaven und Schweinen«, verfasst von der *Falter*-Journalistin Eva Konzett kurz nach Ausbruch der Corona-Epidemie: »Im Stammwerk des deutschen Schlachtbetriebs Tönnies in Rheda-Wiedenbrück haben sich mehr als 1500 Mitarbeiter mit dem Coronavirus infiziert. Nordrhein-Westfalen ist das Zentrum der deutschen Schweinefleischproduktion. Sieben Millionen Tiere mästen die

Bauern hier, 20 000 Schweine passieren täglich die Werk-schleuse bei Tönnies. Das macht 7,3 Milliarden Euro Umsatz pro Jahr.«

20 000 Schweine pro Tag. Das sind sieben Millionen pro Jahr, fast die Einwohnerzahl Österreichs, nur bei diesem einen Werk. Im Jahr 2019, vor der Corona-Pandemie, schlachtete die Tönnies-Unternehmensgruppe laut eigenen Angaben 20,8 Millionen Schweine. Würde man die Tiere vor dem Eintritt zur Schlachtbank in einer langen Schlange anstellen lassen, wäre diese 40 000 Kilometer lang. Das ist der Umfang des Planeten Erde.

Habt ihr in Ratzersdorf selber geschlachtet?
Wir haben auch geschlachtet, regelmäßig, ja. In den fünfziger Jahren mindestens zwei oder drei Schweine pro Jahr, würde ich sagen.

Die Oma hat sie abgestochen?
Nein. Da haben wir eine Hilfe gehabt von gegenüber. Der Geis-berger Franz, der war damals ein vierzigjähriger Bauer, der hat einen Schlachtschussapparat gehabt. Mein Vater hat sich ganz gut ausgekannt mit dem Zerteilen von einer Sau. Und meine Mutter war eine Großmeisterin im Verarbeiten. Und alle anderen haben ein bisschen mitgeholfen, ich auch.

Wie lang hat das gedauert?
Vom Umfallen bis zum Hängen auf dem Zapfen sind vielleicht zwei Stunden vergangen. Aber dann ist es weitergegangen. Dann sind die Innereien verarbeitet worden, dann hat man an-gefangen, die Schweinehälften zu zerteilen, hat riesige Speck-schichten heruntergeschnitten vom Fleisch und hat daraus

Schmalz gemacht, hat aus den Innereien Würste gestopft oder ein super Essen für die ersten paar Tage nach der Schlachtung. Es war immer ein schönes Ereignis. Ich habe ja die Schweindln irgendwie gerngehabt. Man hat ihnen in den Trog immer das Fressen hineingeschüttet. Zum Teil waren das Speisereste, die man gesammelt hat. Dafür ist ein Kübel in der Küche gestanden und alles, was übrig geblieben ist an Bio-Abfall, das ist da hineingeworfen worden. Die Schweindln haben das gern gefressen, glaube ich. Dazu haben wir noch ein bisschen Schrot hineingemischt oder anderes Futter, das man selber produziert hat. So sind sie innerhalb eines Jahres bis auf 180 Kilo gewachsen. Ich glaube, wir haben sogar einmal eine Sau gehabt mit zweihundert Kilo. Heute sind vielleicht achtzig oder hundert Kilo der Normalfall, weil man dieses Fett nicht will. Aber damals war das gefragt. Und die Sau hat zur Hälfte aus Fett bestanden. Das waren Züchtungen, die recht fett sein sollten, weil wir ja das Fett als Beimischung zum Essen brauchten, damit genug Kalorien drinnen sind. Und du weißt, ein Kilo Fett hat ungefähr zehntausend Kilokalorien. Also Schmalz, das ist so ziemlich das Intensivste. Und wenn du das mischst mit Hülsenfrüchten, Nudeln, Erdäpfeln oder was immer, dann hast du schon was Kräftiges. Außerdem brauchst du das Fett zum Schnitzelbacken. Damals hat es kein Bona-Öl gegeben oder Ceres. Da wurde alles mit Schmalz gemacht.

Wie hat sich eine Schlachtung abgespielt?
Zuerst hast du die Sau aus dem Stall gelassen. Die ist im Hof herumgelaufen und war erfreut, dass sie sich wieder einmal bewegen darf. Dann ist der Geisberger Franz gekommen mit dem Schlachtschussapparat. Das war ein zirka fünf Kilo schweres Trumm, wo vorn ein Bolzen rausgeschlagen hat, wenn die

Patrone ausgelöst wurde. Den hat er der Sau freundlich an die Stirn gehalten und hat ausgelöst. Die Sau ist umgefallen wie vom Blitz getroffen – prack, ist sie dagelegen.

Eine richtig stressfreie Schlachtung.
Kann man sagen, ja. Die hat sich gefreut, dass sie rumrennen darf, und im nächsten Moment war sie tot. Als Kind habe ich das sehr intensiv erlebt. Denn die Sau hat man ja gerngehabt. Eine hat Susi geheißen. Sie war ein Tier, zu dem du eine Beziehung hattest. Und ich glaube, sie hat einen auch gekannt. In dem Moment, wo sie umgefallen ist, war sie für kurze Zeit eine bewusstlose Sau, aber kurz darauf ist das Tier zu Fleisch geworden. Du hast überhaupt nicht mehr daran gedacht, dass es gerade noch die Susi war, da lag jetzt ein Haufen Fleisch und Innereien, und du kriegst jetzt eine gebackene oder geröstete Leber oder eine Blunzn oder eine Leberwurst. Man hat das nicht als schmerzlich empfunden und das Schwein auch nicht.

In den vierziger Jahren gab es auch Bauern, die haben keinen Schlachtschussapparat gehabt. Die haben mit irgendeinem Prügel oder einer schweren Eisenstange versucht, die Sau bewusstlos zu schlagen. Da hat man oft das Geschrei der Sau im ganzen Dorf gehört. Noch früher, glaube ich, war das der Normalfall.

Du musst darauf schauen, dass das Herz noch pumpt, wenn du einer Sau das Blut abnimmst. Man fängt das Blut auf in einem großen Reindl. Mit einem Schneebesen wird es in Bewegung gehalten, damit es nicht verklumpt. So gewinnst du Blut für die Blutwurst. Das Fleisch wird entblutet. Es würde sonst viel schneller verderben. Dann wird das Tier enthaart.

Es wird versengt, oder?

Da gab es den riesigen Sautrog. Der ist irgendwo herumgestanden, den hat man sich gegenseitig ausgeborgt. Dort ist brennheißes Wasser hineingeschüttet worden, und die Sau wurde, wenn sie dann ausgeblutet war, eingerieben mit einem harzartigen Pech. In dem Sautrog waren drei Ketten, auf die ist die Sau draufgelegt worden. Dann hat man ihr siedend heißes Wasser drübergeschüttet und hat sie dann mit diesen Ketten hin- und hergedreht, sodass sie einmal auf dem Rücken, einmal auf der einen Seite, einmal auf der anderen Seite lag. Und dann hat man mit den Ketten einen Großteil vom Fell heruntergerieben. Die Borsten und die oberste Haut sind dann in dem heißen Wasser geschwommen. Die Sau war also ziemlich nackert, wenn sie schließlich herausgehoben worden ist. Der Vater hat dann zwischen Achillessehne und dem Knochen ein Loch durchgestochen, damit dort der Zapfen vom Gestell durchgesteckt werden kann. Und die Sau ist dann als Ganzes mit so einem Tragegestell gehoben worden, von dem sie dann heruntergehängt ist. Der Vater hat sie vorsichtig aufgeschnitten. Da hast du aufpassen müssen, dass du nicht die Gedärme erwischst. Dann hat er vorsichtig den Bauch geöffnet, bis die Gedärme herausgerollt sind. Die sind dann schnell von den Frauen verarbeitet worden. Sie haben zuerst die Scheiße herausgequetscht, soweit es gegangen ist, dann sind die Därme gewaschen worden für die Blutwurst.

Du musstest immer aufpassen, dass du ja nicht die Galle aufschneidest, weil sonst die ganze Umgebung verdorben ist. Ich kann mich nicht erinnern, dass mein Vater irgendwann einmal die Galle aufgeschnitten hätte. Dann wurden die Leber, der Magen und die anderen Organe herausgeholt und der Brustkorb geöffnet. Da ist das Herz und die Lunge herausgekommen, das

Theresia Klenk mit Susi

Beuschel. Das Herz ist schön zu verarbeiten. Und so hast du sukzessive den Innenraum der Sau ausgeräumt, Schritt für Schritt.

Die Wirbelsäule wurde der Länge nach in der Mitte mit einem Hackmesser, auf das man mit einem Hammer draufgeschlagen hat, aufgestemmt. So ist es dann gehängt und wurde noch einmal gewaschen. Den Schädel hat man ebenfalls durchgehackt, und schließlich – pflatsch – sind die zwei Hälften auseinandergefallen und wurden noch einmal gewaschen. Das Hirn wurde vorsichtig herausgenommen. Das war ja auch zum Essen. So ist die Sau dann dagehängt, innen ausgeräumt, dann halt die Rippen und die Knochen und das Fleisch und die Speckschwarten außen herum.

Wie wurde das Fleisch konserviert?

Die Bauern haben zusammengezahlt und einen Raum als Kühlraum ausgestaltet. Er ist mit einem großen Aggregat gekühlt worden. Dort wurde das Fleisch in einzelne versperrbare Boxen hineingelegt, und bei Bedarf bist du hinuntergegangen und hast aus deinem Fach ein Stück herausgenommen. Vieles war auch ohne besondere Kühlung haltbar, zum Beispiel die Grammeln, das Schmalz und natürlich das Geselchte. Die Würste, die gekocht worden sind, haben sich auch eine Zeit lang gehalten. In den ersten Wochen nach dem Schweineschlachten war das Essen besonders reichhaltig.

Das habt's ihr alles selber gegessen?

Na ja, manches Mal hab ich in der Schule eine Wurstsemmel eingetauscht gegen eine Blunznsemmel, weil alle gesagt haben: »Klenki, hast du leicht wieder a Blunzn? Geh, tausch mit mir.« Die waren ganz scharf auf die Blunzn von meiner Mama. So eine gute Blunzn hast du nirgends gekriegt wie bei meiner Mutter.

VIII

MEIER DENKT NACH

Besuch in einer Tierfabrik

Kurz nachdem mir mein Vater dieses Interview gegeben hatte, erreichte mich ein verstörendes Video. Wie der Zufall es will, wurde es nur ein paar Kilometer entfernt von meinem großelterlichen Hof aufgenommen, heimlich mit einer versteckten Mikrokamera. David Richter, ein besonnener, aber entschlossener Aktivist des Vereins gegen Tierfabriken (VGT), hatte es mir geschickt, auf der Seite des VGT ist es online. Normalerweise klicke ich grausame Tierschützer-Videos weg und verdränge sie. Weil ich noch die Erzählungen meines Vaters im Ohr hatte, habe ich diesmal genauer hingesehen. Ich habe das Video in Zeitlupe abgespult, immer wieder. Je öfter ich es betrachtete und je mehr Details ich erkannte, desto ratloser ließ es mich zurück.

Der Film, aufgenommen von einer hinter einer Neonröhre des Schweinestalls versteckten Kamera, ist nur 26 Sekunden lang. Es zeigt eine Obststeige, gefüllt mit etwa acht Ferkeln, so genau erkennt man das nicht. Männer in Overalls heben die Tiere aus der Kiste. Dann schneiden sie ihnen den Ringelschwanz und die Hoden ab. Ohne Betäubung. Die Männer sind ruhig und routiniert, sie plaudern, während sie ihr Werk verrichten. Sie wirken, als würden sie Gemüse putzen. Die Schweinchen sehen aus wie das Ferkel aus der Supermarkt-Werbung.

Ein Mann packt nun die Tiere an den Hinterbeinen, hält ihren Ringelschwanz vor einen glühenden Draht und durchrennt ihn. Der Gesetzgeber, so lese ich später in Tierschutzverordnungen, verbietet dieses »Kupieren«. Es ist nur in Ausnahmefällen gestattet, wenn Schweine sich aufgrund der Enge im Stall den Schwanz abbeißen würden. Hier in dieser Halle ist es eng, daher darf das Schwein verstümmelt werden.

Das Kastrieren: Der Bauer packt das Ferkel und steckt es in einen Metallständer, sodass die Schnauze nach unten schaut. Mit einem Skalpell schneidet er den Hodensack auf, schält beide Hoden heraus, wirft sie wie Kirschkerne auf den Boden. Die Ferkel haben höllische Schmerzen, das ist wissenschaftlich erwiesen. Eine Cambridge-Studie über die Intelligenz der Schweine fand heraus, dass die Tiere Objekte finden, die nur mithilfe eines Spiegels zu sehen sind.

Der Verein gegen Tierfabriken, vor vielen Jahren in Österreich zu Unrecht als kriminelle Organisation verfolgt, ist eine bei Bauern gefürchtete, bisweilen regelrecht verhasste Organisation. Das hat einen guten Grund: Der VGT dokumentiert die Hinterbühne der Fleischproduktion, er veröffentlicht jene Bilder, die Agrarindustrie und Supermarkt-Werbung seit Jahrzehnten mit hohem Werbeaufwand von uns fernhalten.

Wer in Magazinen der Agrarindustrie blättert, findet immer wieder Berichte über diese neuen Methoden der Tierwohl-Aktivisten. Manche schwindeln sich als Praktikanten in Betriebe, um dort Kameras zu verstecken. Sie beschädigen nichts, sie stehlen nichts, darum ist ihr Tun auch nicht strafbar, sondern nur als Besitzstörung zivilrechtlich belangbar. Aber die Bilder sind unerlässlich für Konsumenten, sie zeigen, wie der

Fleischmarkt wirklich funktioniert. Man sollte meinen, Bürger hätten ein Recht auf diese Information.

Die konservative Volkspartei und die Bauern wollen diese Form der heimlichen Bildbeschaffung bestraft wissen, die Landwirte halten sie für einen unerträglichen Eingriff in ihr Privatleben. Im Verwaltungsrecht ist das Betreten der Schweinefabriken durch Unbefugte ohnedies verboten und wird mit Freiheitsstrafen geahndet.

Die Tierschützer aber betonen, ihre Arbeit sei notwendig, zulässiger Widerstand gegen ein brutales System, und die Veröffentlichung sei durch die Pressefreiheit gedeckt. Und: Sie würden den Bauern auch Auswege und Beratung aus der industriellen Produktion bieten.

Noch etwas ist wichtig: Der Bauer wird in dem Video nicht geoutet, seine Familie nicht identifizierend an den Pranger gestellt. Nur so viel gibt der VGT bekannt: Der Mann sei in Jugendjahren Mitglied der ÖVP-Landjugend gewesen. Er habe gegen das Verbot von Kastenständen und Vollspaltenböden demonstriert, jene mit Exkrementen verunreinigten Betonböden mit Ritzen, durch die Schweine ihren Urin und Kot drücken.

Der VGT hat mir nicht nur das Video gemailt, sondern fünfzig weitere Fotos aus dieser Tierfabrik. Eines zeigt eine rote Mülltonne auf der Rückseite der Halle. Der Deckel ist geöffnet, man sieht den Container mit toten Ferkeln überquellen. Das Foto zeigt nichts Verbotenes, sondern die staatlich subventionierte Normalität, wie mir Schweinezüchter später erklären. Rund fünfhundert Ferkel jährlich landen allein hier auf diesem Hof im Müll, zehn Prozent Ausschuss, das ist heute die Norm. Man stelle sich vor, das wäre hier eine Welpenzucht.

Die Körper der weggeworfenen Ferkel sind ein Bild sinnlosen Sterbens. Als ich das Foto auf Facebook poste, wird es vom Facebook-Konzern mit einer grauen Folie abgedeckt und mit einer Triggerwarnung versehen, das Bild könne unsere Gefühle verstören, heißt es. Dabei zeigt es nur, wie wir unsere Koteletts produzieren. Ein Spanferkel könnte ich ohne Triggerwarnung posten.

Es gibt noch weitere Bilder. Ein Ferkel, offenbar eine Frühgeburt, verwest im Kot seiner Mutter, die im sogenannten Kastenstand so beengt liegt, dass die Gitterstäbe in den fetten Körper drücken. Ein anderes Tier hat eine tischtennisballgroße Eiterbeule am Kopf, eine schmerzhafte Zahnentzündung, wie ich später lerne. Einem Schwein hängen die Eingeweide aufgrund eines Bruches so stark nach unten, dass sie am Spaltenboden streifen.

Die Fotos, durch die ich mich immer wieder klicke, zeigen aufgerissene Schnauzen, eitrige Klauen, blutige Wunden. Die Neugeborenen verletzen sich gegenseitig im Überlebenskampf, weil die Muttersauen zu wenige Zitzen haben für ihren Wurf, eine Folge von Überzüchtung. Ein Foto, das mir VGT-Chef Martin Balluch schickt, zeigt eine Schachtel mit dem Hormonpräparat Chorulon, das die Sauen bekommen, damit sie öfter brünftig sind und noch mehr Ferkel werfen. Nur ist der Körper der Sau dafür nicht gemacht.

Zwanzig Ferkel pro Sau pro Jahr wurden früher »produziert«, erzählt mir der mittlerweile zum Veganer bekehrte pensionierte Amtstierarzt und ehemalige Großwildjäger Rudolf Winkelmayer, den ich kontaktiere, um das Video zu verstehen. Jetzt sind es dreißig Ferkel pro »Gebärmaschine« pro Jahr. Nach vier Jahren ist die Sau »ausgeschieden«, also geschlachtet. Die Ferkel haben zwei Kilo Geburtsgewicht, schon nach drei Monaten Vormast etwa dreißig Kilo und nach sechseinhalb Monaten ein Schlachtgewicht von einem Zentner.

Es sind nicht nur verletzte Tiere auf den Fotos zu sehen, sondern man erkennt auch die Verrohung des Menschen. Ein Video zeigt den Bauern, wie er ein Schwein tritt und dann mit einem Paddel auf den Kopf schlägt. Auf den Türen der Kastenstände, aber auch an Holzbrettern, die den Schweinen als Spielzeug dienen sollen, sieht man Spinnweben. »Strukturelle Tierquälerei«, nennt es Amtstierarzt Winkelmayer: »Aber sie ist oft gesetzlich legitimiert. Die Agrarlobby hat das wunderbar geschafft.« Auch hier sind nur einige wenige Praktiken strafbar.

Als der VGT das veröffentlichte, blieb die Diskussion aus, wie immer. Amtstierarzt Winkelmayer erklärt mir die Gründe: Schweine sind Nutztiere und keine Haustiere. Sie sind uns untertan, sagt die Bibel. Sie sind Produktionsmittel, sagen die Schweinezüchter. Sie schmecken so gut, sagt der Konsument. Sie müssen daher billig sein, sagen die Supermärkte. Aber wenn sie uns so gut schmecken, wieso behandeln wir die Tiere dann so? Und was sagt der Bauer auf dem Video dazu?

Der Hof war nicht schwer zu identifizieren. Der Bauer soll hier Johann Meier heißen, auf Facebook posiert er vor einer fröhlichen Bauernhof-Kulisse mit seinen Kindern. Ich rufe ihn an, wider Erwarten hebt er ab. Er kenne mich aus den Medien, er habe meine Rettungsaktion des Bauernhofes von Christian Bachler und mein Praktikum beim »Wutbauern« verfolgt, erzählt er mir.

Ich frage ihn: »Reden wir?«

Er sagt: »Reden wir.«

Herr Meier, sind Sie der Mann, der den Ferkeln ohne Schmerzmittel die Eier abschneidet?

Es gibt hier nichts zu beschönigen. Ich wollte einfach nur schneller fertig werden.

Ich würde Sie gerne besuchen und fragen, wie es zu diesen Bildern kommt.

Ich bespreche das mit meiner Familie. Wir stehen unter Druck, wir haben Angst, was da noch kommt. In einem benachbarten Dorf hat sich ein Familienmitglied einer Bauernfamilie nach einem Shitstorm von Tierschützern fast umgebracht. Ich rufe Sie an.

Meier ruft am nächsten Tag tatsächlich zurück. Ich könne gerne kommen. Er wolle mir seinen Betrieb zeigen, denn hier werde jenes Fleisch produziert, das wir alle essen. Sein Tierarzt werde dabei sein, falls Fragen offen sind. Er habe nur eine Bitte: »Richten Sie uns nicht hin.« Und noch einen interessanten Satz schiebt er nach: »Wir Bauern hinken der gesellschaftlichen Entwicklung hinterher.«

Wenn man von Wien kommend auf der Westautobahn ein paar Kilometer vor der Abfahrt St. Pölten auf die Felder blickt, sieht man in der Ferne schon seine unscheinbare Halle. Ich fuhr da oft vorbei, wenn wir die Ratzersdorfer Verwandtschaft besuchten. Aber noch nie fiel mir der Bau auf. Nie dachte ich darüber nach, was in der Halle vor sich geht.

Als ich mit Meier telefonierte, um das Interview vorzubereiten, fiel mir sein Dialekt angenehm auf. Er spricht die Sprache meiner Großeltern. Er lebt ja nur ein paar Dörfer weiter. Auf der Fahrt zu Meier erinnere ich mich an die Erzählungen meines Vaters über das Leben in der bäuerlichen Gesellschaft seiner Kindheit. Susi, der Schlachtschussapparat, das Sengen, Schrubben und Gedärmewaschen. Und den Satz: »Klenki, hast du leicht wieder a Blunzn? Geh, tausch mit mir!«

Ich bin 47 Jahre alt, und immer öfter kommt mir der absurde Gedanke, dass die Welt der Schweine nur zwanzig Jahre vor meiner Geburt ganz anders war. Ein geschlachtetes Schwein zu essen war die Ausnahme, gehungert haben die Großeltern dennoch nicht, wie man auf alten Fotos sieht, sie haben sich bloß anders ernährt.

Es ist kalt, es dämmert, auf den nebeligen Feldern hocken immer noch Krähen, und Meier empfängt mich in der Einfahrt des elterlichen Hofes. Er ist ein junger, offener Mann Er stellt mir seine Frau vor und seinen Tierarzt, einen kernigen Fachmann, der hier die Sauställe betreut. Die beiden seien in Sorge, sagt Meier zur Begrüßung, sie lesen derzeit lieber nichts im Internet.

Es irritiert sie, dass Tierschützer in ihre Welt eingebrochen sind, dass sie gefilmt und bloßgestellt werden. Sie haben kein Verständnis für solche Methoden, das möge ich bitte auch schreiben. Der Betrieb sei doch ihr Privatbesitz. Ich frage mich: Wie soll die Gesellschaft sonst von den Methoden erfahren?

Tierschützer haben heute dank der sozialen Medien mehr Einfluss als je zuvor, ihre Minikameras, ihre Social-Media-Kanäle – sie stellen eine neue Öffentlichkeit her. Sie müssen nicht mehr auf der Straße demonstrieren, sondern können die sozialen Medien fluten. »Eigentlich sollte Ihr Stall so gut sein, dass Sie selbst eine Webcam reinhängen«, provoziere ich Meier.

Die Familie Meier wird die Stalltüren öffnen, eigene Fehler eingestehen, über die Zukunft diskutieren. Weil es nämlich nicht nur um ihren Hof geht, sondern um ein System, in dem Bauern wie Meier ganz offensichtlich feststecken, das System, von dem auch Christian Bachler erzählt. Ein System, in dem sie abstumpfen und über das sich viel zu wenige Schweinebauern Gedanken gemacht haben – und mit ihnen die Landwirtschaftspolitik. »Mir wurde ein Spiegel vorgehalten«, sagt Meier selbstkritisch. Ich antworte: »Mir auch.«

Denn hier entstehen die schrecklichen Bilder, aber auch das Produkt Fleisch, das auch ich gerne esse.

Aus einem Prospekt der Firma Billa, ein Supermarkt des deutschen Rewe-Konzerns: »Schweinsschnitzel-Großpackung: 4,99/Kilo«.

Ein Schnitzel (zweihundert Gramm) kostet also nur mehr einen Euro. Ein Euro. Der Preis einer Packung Kaugummi.

Wir fahren hinaus zum Betrieb, er liegt ein paar hundert Meter von Meiers Wohnhaus entfernt, weil es hier so stinkt. Davor die Güllegrube. Ich parke nur wenige Schritte neben den Kadavertonnen, die ich von den Fotos kenne. »Wir können uns nicht um jedes einzelne Tier kümmern. Das rechnet sich nicht«, sagt der Tierarzt. Meine Großmutter, gestorben in den achtziger Jahren, hätte das alles hier nicht mehr als Landwirtschaft erkannt, antworte ich. Und es ist auch keine Landwirtschaft mehr. Es ist eine Tierfabrik.

Meier hat beim Rundgang stets den Tierarzt an seiner Seite, der gerne das Wort übernimmt, wenn es um die Zukunft der Schweineindustrie, also auch um Meiers Zukunft geht. Wer ihm lange zuhört, könnte fast glauben, ein Betrieb wie der von Meier sei das ideale Umfeld für Tiere. Hier werden sie geimpft, gefüttert, bewacht, hier erdrücken sie ihre Ferkel nicht. Und der Stall sei zum Wohle von uns allen. Es gehe hier auch um den »Versorgungsgrad« der Österreicher mit Fleisch, den Wunsch nach billigen Lebensmitteln, die optimierte Produktion. »Die Schweden haben die strengsten Bestimmungen in der EU und importieren jetzt Fleisch aus Dänemark«, sagt der Arzt immer wieder.

Auf Meiers Hof wechselten sich in den vergangenen Jahren übrigens mehrere Tierärzte ab. Sein ursprünglicher Tierarzt wurde durch einen Veterinär verdrängt, der zu Dumpingpreisen arbeitete. Er wurde angezeigt und verkaufte seine Praxis an den jetzigen Tierarzt. Der sagt, er sei froh, dass die Schweinezucht in Österreich noch nicht in der Hand von Großkonzernen sei, sondern bei kleinen Familienbetrieben, denn was dort passiert, könne man sich nicht vorstellen. In den Niederlanden produziere man Schweine auf Tankern und ließe die Gülle ins Meer rinnen. In Russland gebe es Betriebe mit 200 000 Tieren.

Wir betreten die Halle über eine hohe Vorhalle. Meier hat hier das Futter in Säcken gelagert, seinen Mais, Soja aus Brasilien, Gerste, Kraftfutter. Ein Computer optimiert das Futtergemisch. An der Wand hängt ein Zettel, der die ideale Rezeptur verrät. »Biomin eFifti Nuriwean 50 %, Gerste 11 %, Mais 7,5 %, Biomin ADF 0,8 %, Biotronic Top Forte 0,4 %, Biomin Propio Bac 0,1 %«. Futterergänzungsmittel, Mineralstoffmischungen, die die Mast optimieren.

Meiers Tierarzt erzählt: »Die alten Bauern haben noch Kübel geschleppt, Stroh eingeatmet, an Staublungen gelitten und sich mit sechzig den Buckel krumm gearbeitet.« Jetzt füttere der Computer die Tiere. Über große Rohre fliegt das Zeug zu Futterstationen, vor denen die Schweine warten. Wenn Meier einen Hebel zieht, werden seine Schweine satt.

Meier öffnet die Tür zum Stall. Zuerst müssen wir eine Seuchenschleuse passieren, »zum Schutz der Schweine«, die keine Immunabwehr haben, weil sie nie im Freien waren. Ich muss einen Wegwerf-Overall überziehen und in rote Plastikschlappen schlüpfen. Wir sehen aus wie Chirurgen, schlurfen einen langen Gang entlang, links und rechts befinden sich die Kammern mit den Schweinen. Die Architektur erinnert mich an moderne Gefängnisbauten. Ein langer Gang, links und rechts die Haftträume, einen Hof für den Spaziergang im Freien gibt es nicht.

Die erste Abteilung nennt sich »Quarantänekammer«. Hier stehen die Schweine, die neu in den Betrieb kommen, vier Wochen, man schaut, ob sie irgendwelche Keime haben. Dort werden sie geimpft. Dann folgt der »Wartestall«, dort werden die Tiere »besamt«. Nach der Besamung treiben die Bauern die Tiere in den Kastenstand, die verharmlosende Bezeichnung für einen winzigen Käfig. Zehn Tage dürfen die Tiere dort laut Gesetz eingesperrt werden, »zum Schutz der eingenisteten befruchteten Eizellen«, wie der Tierarzt in sachlichem Ton ausführt.

Denn geht es in den »Abferkelstall«, wo die Muttersäue nach der Geburt unter einen Metallkäfig gesperrt werden, die Agrarier nennen ihn »Ferkelschutzkorb«. Drei Wochen säugen sie bei der Mutter, jedes zehnte wird trotz Korb erdrückt. Dann geht es weiter in den Ferkelstall, wo die Tiere in zwei Monaten auf etwa dreißig Kilo gemästet werden. Zu Hunderten stehen sie wie erstarrt da, als ich den Stall betrete.

»Finden Sie, dass es hier stinkt«, fragt Meier. Ich antworte ehrlich, später lehne ich sein Speckbrot dankend ab. Es riecht hier nicht mehr nach Landluft, sondern ein beißender Ammoniak-Geruch steht in der Luft. Ein ständiges Plätschern hallt durch den Betrieb, die Säue liegen zwar auf Spaltenböden, aber im Grunde atmen sie fortwährend die Ausdünstungen des eigenen Kots und Urins. Schweine, so lerne ich später, haben einen wesentlich besseren Geruchssinn als Hunde. Sie müssen hier unerträglich leiden. Als wir die Halle verlassen, sammelt

Meier noch ein totes Ferkel ein und wirft es in die Tonne. Er fragt: »Sind Sie jetzt geschockt?«

Wir steigen ins Auto und fahren zurück zum Hof. Bei der Rückfahrt fällt mir auf, dass Bauer und Arzt technisch, ja distanziert über die Tiere gesprochen haben. Alles diene nur ihrem Wohl. »Rechtfertigungsdiskurs« nennen die Soziologen es, wenn man Grausamkeiten schönredet. Und ich bemerke, wie schnell ich mich selbst an die Normalität in solchen Ställen gewöhne. Einmal hebe ich ein kleines Ferkel hoch, spüre den Herzschlag und erinnere mich an einen Bericht über die hohe Intelligenz der Schweine.

Es gibt Apfelstrudel und Kaffee in der großen Wohnküche von Meier. Wir diskutieren bis ein Uhr nachts. Meier erzählt, sein Großvater habe auf seinem Hof noch Rinder, Pferde und ein paar Schweine gehalten, ja, es sei eine »Bilderbuchlandwirtschaft« gewesen. Die Eltern, sie wohnen im selben Haus, spezialisierten sich in den Siebzigern auf Schweine. »Wachse oder weiche!«, lehrten Landwirtschaftsschulen. Fünfhundert Schweine hielt Vater Meier in seinem Stall und verdiente so viel wie der Sohn mit doppelt so viel Vieh. Der Vater lebte gut davon, er sparte ein kleines Vermögen an, 350 000 Euro, die er dem Sohn als Starthilfe gab.

Der Sohn lernte in der Schule noch dieselben Sprüche, von Biolandwirtschaft und Selbstvermarktung hörte er in den frühen zweitausender Jahren nichts.

Meier junior wollte auch wachsen, das war im Jahr 2007. Er ging, so wie Bachler, zu Raiffeisen, holte sich noch einmal 350 000 Euro, dazu eine Förderung über 70 000 Euro vom Staat, und dann verbaute er das Geld draußen auf einem Acker in dieser Schweinefarm. Daneben begradigte er eine Fläche, um noch weiter auszubauen. »Damals war das der Stand der Technik. Heute würde ich das nicht mehr bauen.« Aber wie kommt er da wieder raus?

Eintausend Schweine leben jetzt in seiner Ferkelzucht. Die Landwirtschaft der Eltern wurde zur Tierfabrik, von Tierärzten, Stallkonstrukteuren, Futtermittelkonzernen optimiert. Ein dreißig Kilo schweres Ferkel verkauft Meier aber nur mehr um zirka sechzig Euro. Bei fünftausend Ferkeln, die hier pro Jahr produziert werden, macht das gerade einmal 300 000 Euro Umsatz im Jahr.

Und der Gewinn nach Abzug aller Kosten? Meier sagt fast schon verschämt: »30 000 Euro.« Seine Kleinste krabbelt durch die Stube. Meier sagt, er zeige seinen Kindern seinen Betrieb, sie kennen den Stall. Die VGT-Tierschützer sagen, die Kinder werden an die Grausamkeit gewöhnt. Seine Frau sagt: »Mein Mann ist kein Bauer, der ständig sudert«, er sei »sein eigener Chef.« Selbständig sein, nicht abhängig sein, das Argument kommt oft, wenn man mit Bauern spricht.

Sind Sie das wirklich: unabhängig?, frage ich Meier. 30 000 Euro für ein Jahr harte Arbeit in einer Schweinefabrik, dazu die Chinesen, die den Fleischweltmarkt dominieren, und die Tierschützer, die in den Stall hineinfilmen, um das Tierleid zu dokumentieren?

Meier denkt nach. Er sagt: »Darüber habe ich mir nie den Kopf zerbrochen.« Wie soll es wirklich weitergehen? Der Tierarzt sagt immer wieder, der Betrieb sei in Ordnung. Ja, da und dort seien Fehler passiert, aber eine Verurteilung werde es nicht geben. »Fehler passieren«, das ist der Satz, der oft fällt und der durchgeht, weil die Kontrollen einfach nicht streng genug sind. Wie auch: Der Tierarzt wird von Meier beschäftigt. Auch dass er so viele Ferkel entsorgen muss, obwohl er »Ferkelschutzkörbe« verwendet, das ist hier die Normalität.

Ich frage Meier: Wie viele Schweine wird Ihre Tochter in 15 Jahren verkaufen müssen, wenn sie den Hof eines Tages übernimmt? Zweitausend konventionelle oder doch nur zweihundert Mangalitza an die Bobos von St. Pölten? Und wie viele werden im Müll landen?

Wir reden über Vereine, die Mastställe in Biobetriebe umwandeln, wir sprechen über »Consumer Supported Agriculture«, also neue Genossenschaftsmodelle, bei denen Bauern von Kunden einen Pauschalbetrag bekommen und sie mit Ware versorgen. Wir reden über erfolgreiche Konzerne, die Tierwohl fördern. Meier wundert sich, dass die ÖVP gegen die Herkunftsbezeichnung von Fleisch in der Gastronomie ist, weil ihr die Wirte und Skihütten wichtiger sind als die Bauern. Ich gebe Meier die Nummer von Christian Bachler. Ich zeige ihm Fotos seiner Alpenschweine, die fidel über die Wiesen flitzen, so wie im Bilderbuchbauernhof. Und dann reden wir über die Landwirtschaft, die Meier auf Facebook gerne herzeigt und die ihm sichtlich Freude macht: seine Obst-Plantage.

1,2 Hektar ist sie groß. Nur 50 000 Euro Investitionskosten hat er aufwenden müssen, also einen Bruchteil der Kosten für seine stinkende Schweinefabrik. 100 000 Euro setzte er vergangenes Jahr mit seinem Obst um, das er an einen Supermarkt und mit schicken Etiketten oder als Marmelade veredelt an Nahversorger verkauft. Ein Gewinn von mehr als zehntausend Euro blieb ihm übrig. Die Margen sind offenbar höher.

Obst zu pflücken, so lernte Meier, bringt den selben Ertrag wie die Schweinezucht. Und es macht Freude und bereitet Stolz. Wie es weitergeht? »Ich schau mir das jetzt alles an«, sagt Meier. »Wir müssen was ändern. Es wird dauern. Kommen Sie in fünf Jahren wieder vorbei.«

IX

CHRISTIAN BACHLER ERZÄHLT

Die Biografie eines Bergbauern

Das Schlachten ist für mich immer noch sehr hart. Als Kind wollte ich den Moment des Tötens nicht sehen. Die meisten Bauern schauen beim Schlachten nicht zu. Sie verkaufen ihre Tiere einem Händler, und der verkauft sie einem großen Schlachthof. Da fährt dann dein Rind zweihundert Kilometer zu irgendeiner Fabrik, wird dort von irgendwelchen Bulgaren geschlachtet, zerlegt, und dann wird ein Teilstück dem Metzger im Nachbarort geliefert, und der verkauft es als »sein Fleisch«. Das ist doch pervers.

Schlachthöfe sind heute reine Tötungsmaschinen geworden. Die Steiermark schlachtet eine Million Schweine pro Jahr, diese Menge schlachtet Deutschland pro Woche, Tönnies bringt allein in einem Betrieb 20000 Viecher pro Tag um. Da brauchen wir über Tierschutz nicht mehr reden, wenn der osteuropäische Metzger das Kalb am Schwanz in die Schlachtbox reinreißt.

Der kriegt drei Euro pro Stunde und zwanzig Euro Prämie. Durch völlig weltfremde Auflagen hat man alle kleinen Fleischhacker im Dorf kaputtgemacht. Man muss sich in diesen Schlachthöfen fragen: Wer ist die ärmere Sau? Das hältst du

Bachlers Rinder

fünf Tage aus. Aber nicht mehr. Das Faschierte darf heute nur 2,99 Euro kosten, ist halt so.

Ich dachte auch lange so. Ich war froh, wenn die Ladeklappe des Viehhändlers endlich zu war. Wenn die alte Kuh, die seit meiner Kindheit am Hof gelebt hat, hinter der Klappe verschwunden ist, war sie nicht mehr mein Problem. Aber heute weiß ich: Das ist scheinheilig. Wir sind Teil des Problems. Ich finde, jeder Bauer sollte drei Tage in einem Schlachthof arbeiten. Dann ändert sich alles.

Ich will nicht mehr, dass meine eigenen Viecher in den letzten Minuten einem Fremden ins Auge schauen, der es am Strick reißt. Ich bin der erste Mensch, den das Tier sieht, und daher will ich auch der letzte sein.

Der Moment des Schlachtens ist sehr ernst, weißt du. Ich will keine Schmähs hören, keine Witze. Du bist mit den Tieren jahrelang per du. Aber du weißt, dass sie eines Tages sterben müssen. Irgendwann kommt der Tag, dann steht man mit dem Messer vor der Kuh und wird demütig. Ich kann einer alten Kuh am Tag vor dem Schlachten nicht in die Augen schauen. Aber selber zu schlachten ist immer noch besser, als sie in diese Schlachthöfe zu schicken.

Schlachten an sich muss ja keine Qual sein. Die Rinder werden vom Tierarzt am Hof lebend beschaut. Dann geht das Tier am Strick in den Vorbereich. Das kennen die Rinder, sie kennen es, am Kopf fixiert zu werden. Das Tier kriegt dann einen Schuss ins Gehirn, ist betäubt und wird durch Blutentzug getötet.

Es gehört endlich legalisiert, die Rinder am Hof zu töten. Heute ist das verboten. Ich würde es so machen: Die Kuh steht auf der Weide, kriegt ihren Kübel mit ihrem Lieblingsschrot. Und dann kriegt sie den Betäubungsschuss. Das Schlachten auf der Weide ist bei uns auch deshalb verboten, weil das Blut aufgefangen und entsorgt werden muss. Ich verstehe diese Vorschrift, wenn Tausende Rinder getötet werden, wenn beim Tönnies ein Ozean von Blut fließt. Aber bei kleinbäuerlichen Betrieben würde gar nichts passieren, wenn ein bisschen Blut versickert. Das Fleisch wäre einfach besser, weil die Kuh nicht gestresst wird.

Die Stresshormone machen außerdem die ganze Qualität kaputt. Das sieht man. Normalerweise ist die Oberfläche des Fleisches ja trocken. Aber bei gestressten Tieren ist sie schlatzig, und das bleibt auch nach zwei Wochen Reifezeit so. Das Tier schüttet volle Kanne Hormone aus. Die kriegen natürlich mehr Stress als meine Rosi, die hier auf der Weide stirbt. Das wissen wir alle. Wir wissen, was bei Tönnies los ist. Wieso müssen wir denn den Metzger hinter Mauern verstecken? Wer will denn noch Metzger werden? Leute, die der Not in ihrer Heimat entgehen.

Bei uns gab es jeden zweiten Tag Fleisch. Reisfleisch und solche Sachen. Aber vor allem der Schweinsbraten oder das Schnitzel am Sonntag waren etwas Besonderes. Der Freitag war immer fleischlos. Das hat sich erst in den letzten zwanzig Jahren geändert. Es ist absurd geworden.

Dabei gibt es bei uns sehr stolze Rassen. Schweine, die draußen leben können bei zwei Meter Schnee und keine Heizung brauchen. Meine Alpenschweine. Und meine Mangalitza. Vor hundert Jahren gab es in Österreich-Ungarn 15 Millionen davon. Jetzt gibt es nur noch viertausend Stück. Die verwerten alles, was hier anfällt. Die Bauern waren ja früher nicht deppert. Sie haben hier zum Beispiel Hühner mit Schweinen zusammen gehalten. Die Vögel lernen, wenn ich bei einem Schwein bleibe, kommt kein Bussard, und die Schweine wissen, dass ihnen die Vögel Insekten aus dem Fell picken.

Manchmal wühle ich in Archiven und Chroniken, um zu forschen, wie lange hier schon Bauern arbeiten. Schon die Römer suchten hier nach Kupfer und Gold. Es gibt am Preber goldführende Gewässer.

Ich weiß jedenfalls, dass hier heroben in der Krakau schon im Jahr 1668 Bauern gearbeitet haben. Davor haben sich die Leute im Dreißigjährigen Krieg die Schädel eingeschlagen. Aus dieser Zeit sind viele Unterlagen verlorengegangen. Die alten »Urbare«, die Steueraufzeichnungen in den nahegelegenen Stiften und Klöstern, wurden rausgerissen.

Hier, wo jetzt unser Hof steht, stand eine »Zuhuabn«, ein Außenposten, wo ein Knecht auf ein paar Ochsen eines Bauern aufgepasst hat. Der nahe Sölkpass war eine Transitzone, der Schmuggel blühte auf den steinigen Pfaden. Da wurden Ochsen geschmuggelt, aber vor allem auch Tabak. Tabaküberreiter, eine Spezialeinheit des Fürsten, überwachten den Pass, aber die Schmuggler waren immer schneller. Einmal legten die Überreiter deshalb Tabak rund um die Kirche aus, wie einen Köder. Als die Bauern ihn nach der Sonntagsmesse aufheben wollten, wurden sie verhaftet und hart bestraft. Die Bauernschaft wollte das Schloss des Fürsten in Obermurau stürmen, aber der erkannte die Gefahr, öffnete den Weinkeller, und die Bauern haben sich besinnungslos besoffen. Der Aufstand war beendet. Es ist ein bisschen so wie heute mit dem Bauernbund, zuerst legen sie dich rein, dann füllen sie dich ab.

Sonst war hier nicht viel los. 1890 ist ein Knecht im Stall verbrannt, weil er mit seiner brennenden Pfeife im Heu eingeschlafen ist. Im 19. Jahrhundert kamen die ersten Bergsteiger und Jäger aus den Städten. Erzherzog Johann war hier und der Salzburger Fürsterzbischof. Erst im Jahr 1930 sind meine Urgroßeltern heraufgezogen und haben eine eigene Landwirtschaft gegründet. Der Urgroßvater ist allerdings beim Hochzeitg'wand-kaufen-Fahren nach Murau von einem scheuenden Pferd getreten worden und dann an Tetanus gestorben. Meine Oma hat den Hof gekriegt, sie hat den Opa geheiratet, er war der uneheliche Sohn einer Magd. Er wurde seinerzeit schon mit fünf Jahren beim Großbauern abgegeben. Fünf Stunden hatte er auf die Alm hinaufzugehen. Er erzählte uns, wie er zu Weihnachten als Kind beim Rosenkranzbeten vor Erschöpfung eingeschlafen ist, mit seinen gefalteten kleinen Händen. Die Knechte haben ihm die brennende Kerze unter die Fingerln gestellt. Er hat sich verbrannt. Er war unglücklich, er war einsam, er hat niemanden gehabt, der ihn getröstet hat.

Mit dem Opa sind wir aufgewachsen, das war immer von Arbeit geprägt. »Arbeiten, arbeiten, arbeiten, nix umastehen«, sagte er zu mir. Der Opa hatte fünf Milchkühe, ein paar Schweine, ein paar Schafe. Die Großeltern waren Selbstversorger. Erst in den fünfziger Jahren ging es mit den Molkereien los, da wurde Milch abgeliefert. Vorher konnten die Bauern von ihren Kühen gut leben, heute wäre das undenkbar.

Meine Großeltern haben den Hof erweitert und umgebaut. Wir haben schon in den sechziger Jahren Zimmer an Touristen vermietet. Wir lebten als Familie auf dem Hof, die Alten arbeiteten mit. Bis Ende der 1990er hatten wir hier eine wirklich gute Zeit, auch die Förderungen der EU garantierten uns ein schönes Leben.

Meine Kindheit war erzkonservativ, erzkatholisch, bergbäuerlich. Mit der Familie bin ich brav in die Kirche gegangen. Politisch gab es nur eine Richtung, von klein auf: die ÖVP. Und wir sind schon früh zur Arbeit eingeteilt worden. Mit fünf Jahren war es völlig normal, dass du dein Schaf versorgst. Niemand hat dich gefragt, ob du das willst, niemand hat auf dich aufgepasst. Heute sehe ich manchmal Kinder von meinen Gästen, denen die Helikoptermama auf jedem Schritt nachläuft, das macht mich fast unglücklich. Ich war noch nicht einmal in der Volksschule, als ich quasi in Kinderarbeit Kühe hoch oben auf der Alm suchte, wenn sie wieder irgendwo verlorengegangen waren.

Mein Verhältnis zum Vater war angespannt, wie es so ist in der jugendlichen Sturm-und-Drang-Phase. Er mochte meine Freundin nicht, ich hatte mich nämlich in eine »Studierte« verliebt. Mein Vater ist früh gestorben, an einem Schlaganfall im Jahr 2003, mit 53 Jahren. Da war ich zwanzig Jahre alt. Ich habe den Hof übernommen, und der Betrieb war so wie viele klassische Betriebe, die die Jungen übernehmen und zusperren. Heute lebe ich hier mit meiner Mutter allein.

Ich musste zuerst einmal 300 000 Euro in die Hand nehmen, um den Hof für die nächsten 25 Jahre zu modernisieren. Die Außenmechanisierung war kaputt, die Technik fürs Heuen, die Traktoren. Ich besuchte in den Jahren davor die Landwirtschaftsschule. Da kam ich erstmals mit diesem ganzen »Blechporno« in Kontakt, wie ich es nenne. All die landwirtschaftlichen Industriemaschinen, Traktoren, Apparate. Ich war so deppert, dass ich mich in dieses neue System richtig vernarrt hab. Die Lehrer trichterten uns ja auch den Spruch ein: »Wer nicht mit der Zeit geht, geht mit der Zeit!«

So haben wir Bauern alle investiert und investiert und investiert. Wir sollten größer und größer werden. So sind die Schulden gewachsen. Dann sind die Alten weggestorben, die auf dem Hof geholfen haben. Das Tierschutzgesetz ist uns auch im Genick gesessen. Ich habe noch einmal in den Stall investiert und einen großen Grund gekauft. 300 000 Euro auf zwanzig Jahre, ich habe geglaubt, das derblasen wir. Es gab ja wohlklingende Förderkonzepte, einen Businessplan, in den man die öffentlichen Gelder und die Arbeitskraft der Frau reinrechnet.

Was ich bei der Aufnahme der Kredite nicht ahnte, war, dass sich alle sieben Jahre die »Förderkulisse« der EU ändern würde. Auf einmal musst du das Doppelte an Auflagen einhalten. Es wurden auf einmal nicht mehr die Tiere gefördert, sondern die Flächen. Man hat die Gelder auf die Almen umgelegt. Ich hatte 47 Hektar. Aber natürlich waren da auch Flächen dabei, wo sich sogar die Gams anseilen muss. Das sind unproduktive Flächen. Aber sie wurden dennoch gefördert.

Doch dann kamen auf einmal Kontrolleure zu uns, Menschen in Anzügen, die sagten, wir hätten die EU betrogen. Dabei hatte ich den Förderantrag mit Vertretern der Kammer gestellt! Sogar die Kuhpfade wurden rausgerechnet, auf denen die Viecher nach oben kletterten. »Weil es da ja kein Futter gibt!« Aber wenn wir zu den Beamten sagten, »Herr Hochwohlgeboren, soll die Kuh da rauffliegen, wie kommt sie denn zum Futter?«, zuckten die mit den Achseln. Die hatten keine Ahnung von unserem Leben. Wenn eine Lawine Steine nach unten auf die Wiesen schleudert, werden die geförderten Almen noch kleiner. Im vorletzten schweren Winter ist mir das passiert.

Ich bekam also weniger Prämien, musste alte Förderungen zurückzahlen und bekam eine höhere Zinslast. So kam ein hoher Betrag an Schulden zusammen, und die Bank sagte: »Wie schaust aus? Wann kriegst deine Förderungen?« Und ich sagte, vielleicht im April. Aber es kam fast nichts. Und so kriegst du zum ersten Mal zehn Prozent Zinsen verpasst.

Aber ich hoffte, das werde schon gehen, denn das System arbeitet für uns. Aber es arbeitete gegen uns. Die Landwirtschaftskammer hat das umgesetzt, was sie als Richtlinie aus dem Ministerium vorgeschrieben bekommen hat. Und das Ministerium hat umgesetzt, was es von der EU vorgeschrieben bekommen hat. Und die EU-Kommission hat unsere Almen zu Steinhaufen erklärt, die man nicht fördern soll.

Ich hab mich gewehrt, ich hab Einsprüche bei den Kammermitarbeitern erhoben, die für die Abwicklung zuständig waren. Das waren dieselben, die mir vorher beim Ausfüllen des Antrags geholfen hatten. Die waren wirklich bemüht. Aber es blickt niemand durch. Bitte einmal einen Bauern, der nicht bei drei am Baum ist, dass er dir seinen Förderantrag erklärt! 95 Prozent meiner Berufskollegen haben das Stockholmsyndrom mit diesem System und sympathisieren mit diesen Geiselnehmern.

Meine Schulden begannen mich zu erdrücken. Das war aber

noch nicht alles. Als die Förderungen ausblieben, kam eine fette Milchpreiskrise, die Chinesen wollten auf einmal keine Milch mehr saufen. Das war 2009. Auf einmal bekamen wir nur 23 statt fast vierzig Cent pro Liter. Jetzt waren die Förderungen weg, und der Preis rauschte auch noch nach unten. Da stand ich da und dachte mir: Scheiße, jetzt bin ich erpressbar.

Die ersten Wickel mit der Bank entstanden, als sie für die Kredittilgung die Filetspitzen meines Betriebes wollte, zum Beispiel die Jagdgründe. Die hätte ich leicht verkaufen können, es ist immer so, dass irgendein Nachbar ein Stück Land gut brauchen kann. In der Genossenschaft der Raiffeisen sitzen ja auch Bauern, die auf deinen Besitz spitzen und die deine Schulden und deinen Betrieb ganz genau kennen.

Das war schon eine schräge Erfahrung. Denn die Grundidee der Raiffeisengenossenschaft war ja, dass die Bauern ihren Hof nicht verlieren sollen, dass sie zusammenhalten. Die Raiffeisen-Bewegung war eigentlich als Genossenschaft gedacht, in der sich die Bauern gegenseitig helfen. Aber jetzt ist Raiffeisen ein Weltkonzern, jetzt sitzen dort Multifunktionäre. Die sitzen auch in der Molkerei, in der Kammer, in der Bank und in deiner Nachbarschaft. Da zerreißt es doch die Leute! Wie soll sich jemand zum Beispiel für die Bauern und die Molkereien gleichzeitig einsetzen? Wie kann jemand die Interessen der Bauern und die einer Bank vertreten?

Kennst du noch das Motto von Raiffeisen? »Der Große hilft den Kleinen, und gemeinsam sind wir stark.« So hieß das früher. Aber jetzt hat Raiffeisen mit der bäuerlichen Struktur nichts mehr zu tun. Es ist wie bei den Schlachthöfen und den Monopolen. Sie haben das Geld, sie machen die Regeln. Wenn du dich mit den Molkereien anlegst, kannst du selber dein Joghurt drehen. Es ist schlimmer als die Leibeigenschaft im

Mittelalter. Da wusste der Lehensherr, dass ihn der Bauer irgendwann auch im Stich lassen kann und dann die Wiesen unbewirtschaftet bleiben.

Der Bank ist der Bauer wurscht, denn da warten Hunderte reiche Holländer auf die Versteigerung eines Hofes, den sie zum Ferienchalet umbauen und auf Airbnb vermieten. In der Raiffeisen sitzen heute die Betriebswirtschafter in ihren Slim-fit-Anzügen, und sie wissen, dass sie nie verlieren werden. Ich habe den Kopf in den Sand gesteckt und an den Strick gedacht. Ich wollte mich aufhängen.

X

EIN HOF WIRD VERSTEIGERT

»Alles a bissi oasch derzeit«

Bachler kam nicht nach Wien, er konnte einfach nicht. Bergbauern können, anders als Bobos, nicht einfach so eine Woche freinehmen. »Hi, ich meld mich, sobald i Luft hab«, schrieb er mir, als ich ihn wieder einmal fragte, wann er denn komme: »Ich weiß nicht, wie ich das diese Woche schaffe, da wir sprichwörtlich abgsoffen sind. Das Wetter hat uns voll erwischt. Zufahrt vermurt, Ställe unter Wasser, Wasser im Keller, Dächer beschädigt, Wald beschädigt. Alles a bissi oasch derzeit. Ich meld mich.«

A bissi oasch – wie ernst seine Lage wirklich war, das wusste ich allerdings nicht. Er sagte auch kein Wort, als ich ihn ein Jahr nach meinem Praktikum mit meinem kleinen Sohn Leo besuchte. Ich wollte etwas Kraft tanken nach den Wochen des ersten Lockdowns. Und ausnahmsweise reiste meine Familie getrennt. Meine Frau und unsere Tochter Anna zelteten am idyllischen Gleinkersee bei Klaus Dutzler, einem Biobauern und TV-Journalisten, der so wie Bachler stundenlang über die völlig fehlgeleitete Fleischindustrie und die Torturen in Schweineställen erzählen kann und die wohl besten Reportagen über Massentierhaltungen macht. »Stell dir vor«, sagte Dutzler einmal zu mir, »man würde dich ein paar Wochen in ein fensterloses Zimmer stellen, deine Exkremente würden unter dir durch einen Spaltenboden fliegen, du würdest dauernd nur Brei und Medikamente verfüttert bekommen, kommst nie an die Sonne und bewegst dich nicht: Genau so geht's einem konventionell gezüchteten Schwein. Willst du so etwas essen? Auch die Bauern essen ihr eigenes Fleisch nicht mehr.« Dutzlers Vergleich geht mir bis heute nicht aus dem Kopf.

Leo und ich fuhren diesmal aber nicht an den See, sondern mit dem Rad ein Stück der »Tour de Mur« entlang, von Tamsweg bis Murau. Wir nahmen die Diesellok und starteten in der kleinen Salzburger Gemeinde. Es ist eine der verträumtesten Strecken Österreichs. Bei meinem ersten Besuch bei Bachler habe ich den Radweg neben den Gleisen der Murtalbahn entdeckt und gehofft, ihn abfahren zu können.

Stundenlang rollen mein Bub und ich flussabwärts, wir waten in der eiskalten Mur und schleudern Steine ins Wasser, essen Bananensplit, trinken Kakao, klauen Äpfel und legen uns immer wieder faul in die Wiese. Es war das Jahr mit Corona, das machte Fernreisen unmöglich. Endlich entdeckte ich mein eigenes Land. Ich wollte Leo aber auch Bachlers Bauernhof zeigen, wohl auch, weil mich der Hof an die Welt erinnerte, von der mein Vater so oft erzählte.

»Bachler, hast du ein Zimmer für uns«, fragte ich ihn. »Für dich immer«, sagte er. Und kaum waren wir angekommen, stellte uns seine Mutter wieder diese federweichen Kuchen hin. Zu Besuch war bei Bachler auch eine Praktikantin, Bianca Blasl, eine studierte Agrarwissenschafterin, die früher als Pressesprecherin für einen ÖVP-nahen Think-Tank gearbeitet hatte und aus dem System aussteigen wollte. Nun reiste sie mit einem Feuerwehrauto aus den sechziger Jahren von einem Bau

ernhof zum anderen, schrieb auf der Seite »Melange in Gummi-
stiefeln« kleine Reportagen über artgerechte Tierhaltung, das
Schlachten und innovative Landwirte. Sie hatte in ihrem Feu-
erwehrwagen Garnelen aus Hall in Tirol dabei, die anders als vi-
etnamesische Ware umweltschonend gezüchtet werden. Bachler steuerte ein Filet eines Alpenschweins bei, und wir kochten
auf einmal österreichisches »Turf & Surf«, hörten dazu Andreas
Gabalier, und Leo spielte mit Nessi, dem Hund. Kurz hielt ich
inne und erinnerte mich an Bachlers Wutvideo nach der Ser-
vus-TV-Sendung und was es so alles bewirkte. »Du hast das Urteil immer noch nicht verstanden«, rief ich in Gabaliers »Hulapalu« Bachler zu. Er sagte: »Geh leck.«

Am nächsten Tag nahm Bachler uns dann mit auf die Alm,
eine trächtige Kuh war abgängig, wir mussten sie finden. Sie
stand etwas verschreckt ganz oben, wo die Rasenschmiele
wächst. Wie eine Gämse kletterte mein Bub, der Wandern
sonst hasst, auf einmal die steilen Hänge hinauf. Er fotogra-
fierte die Yaks, die durchaus gefährlich werden können. Er
streichelte die Ziegen und Pferde, die Bachler auf den Lerchen-
wiesen wie Fabelwesen hält. Und durch mein Fernglas sahen
wir sogar Rotwild am gegenüberliegenden Hang. Die Brunft-
zeit hatte hier schon begonnen.

Es passierte in jenen Tagen etwas für mich sehr Berühren-
des. Mein Bub umarmte nicht nur Bachlers Hund, er streichelte
die Wollschweine, er lief den Puten nach, er tollte über den Hof
wie Nils Holgersson, der kleine schwedische Lausbub. Da war
es, dieses »Aaaaah!«, statt dem »Iiiih«, so wie es der *Falter*-Tier-
kolumnist Peter Iwaniewicz erhoffte. Der Hof strahlte auch auf
mich etwas Magisches aus: weil er eben nicht so proper war
wie viele andere Betriebe; weil die Tiere hier eine verschwo-
rene Gemeinschaft bildeten, Bachler stellt fast jeden Tag Vi-

. Leo und Nessi

deos seiner Tiere ins Netz, seine »Petfluencer« kriegen Tausende Clicks. Nessi, der Cattle Dog, kommandierte die fauchenden Gänse, die kleinen Katzen schmiegten sich an die mit Schlamm panierten Mangalitza, die Gänse patrouillierten durch den Hof wie eine Gang: Das waren keine angeketteten Produktionsmittel, sondern da lebten Tiere mit Bachler. Im Winter nahm er sogar ein Kalb mit in die Küche und postete, wie es sich unter dem Herd wärmte. Sein Hof, das spürte ich immer mehr, ist sein Gegenentwurf zu all den Hühnermastfarmen und Schweineställen, über die wir im *Falter* berichteten. Aber seine Existenz und somit seine Vision von Landwirtschaft standen vor dem Ende, wie ich kurz nach unserer Abreise erfahren hatte. Obwohl er sich abrackerte, blieb ihm nichts übrig. Er lebe von achthundert Euro, vertraute mir Bachler damals an.

Kaum waren Leo und ich wieder zu Hause in der Nähe von Wien, erreichte mich abends die Facebook-Message eines unbekannten Mannes. Ein Nachbar von Bachler, der mich offenbar gesehen hatte: »Sehr geehrter Herr Klenk«, schrieb er, »ich mach mir Sorgen um den Christian. Ich kenn ihn gut, weil ich selber als Bauer im System zerrieben wurde. Aber beim Christian will jetzt die Bank den Hof zwangsversteigern. Ich weiß nicht, ob Sie das wissen, und bitte Sie einfach, vielleicht mal mit ihm zu reden. Mein ganzer Bekanntenkreis macht sich auch große Sorgen. Er beschwichtigt die Probleme und meint, das wird schon net so schlimm. Aber irgendwie passt da was nicht. Wir haben ein schlechtes Gefühl. Er hatte ja schon eine schlimme Depression. Bitte wenn geht, nicht sagen, dass ich Sie angeschrieben habe. Auf der Website des Justizministeriums steht alles.«

Wieso hatte mir Bachler davon nichts erzählt? Wieso suchte er nicht meine Hilfe? Er wusste doch seit dem Kuhurteil, dass ich zumindest rudimentäre Fähigkeiten habe, Akten zu lesen.

Ich klickte mich auf der Website des Justizministeriums in die Versteigerungsdateien. Ich gab Bachler ein. Und tatsächlich, da stand sein Hof zur Versteigerung ausgeschrieben. Aktenzahl 11 E 11/19a-15:

»Betreibende Partei: Raiffeisenbank Murau, eingetragene Genossenschaft.

Verpflichtete Partei: Christian Bachler, geboren am 14.10.1982, Krakauhintermühlen 39, 8854 Krakaudorf.

Eingeklagte Summe: 135 114,65 Euro.«

Versteigert werde »eine insgesamt 615 562 m² große Liegenschaft«, »Wohnhaus (Baujahr 1930, Ausbau von Fremdenzimmern)«, »Stall neu (diverse Sicherheitsmängel)«, »Stall alt (Baujahr 1964)«.

Schätzwert: 1 012 000 Euro. Ausrufungspreis: 504 700 Euro.

In nur sechs Wochen, am 20. Oktober, sollte Bachlers Hof versteigert werden, damit die Raiffeisenbank ihre rund 100 000 Euro bekommt. Um 10.00 Uhr am Bezirksgericht Murau, 1. Stock, Saal Nr. 1. Sogar ein Besichtigungstermin für Interessierte wurde vom Gericht schon angesetzt. Einen Tag vor der Exekution, um 14 Uhr 30, müsse Bachler laut Gerichtsauftrag »dafür sorgen, dass der Zutritt zum Objekt gewährleistet ist, widrigenfalls die Öffnung des Objekts zwangsweise unter Beiziehung eines Schlossers auf Kosten des Verpflichteten erfolgt. Bezirksgericht Murau, Abteilung 2, 31. August 2020«.

Ich konnte es kaum glauben: Ein Betrieb, der Sicherheiten von einer Million hat, wird um 500 000 Euro zur Versteigerung ausgerufen, damit eine Regionalbank an aushaftende 130 000 Euro kommt? Deshalb ruiniert die Raiffeisengenossenschaft, einst gegründet, damit Bauern anderen Bauern Kredite gewähren, die Existenz eines Landwirts und die seiner am Hof lebenden Mutter? Wie war es dazu gekommen?

Ich klickte mich durch die Urteile, Versteigerungsunterlagen, Pläne, Schätzgutachten, Verträge. Es war wie ein böser Traum. Bachlers Hof wurde katalogisiert und geschätzt. Der Sachverständige hatte dem Gutachten nicht nur Satellitenfotos der Almen beigelegt, sondern auch Fotos von Bachlers privaten Zimmern angefertigt. Bachler musste den Sachverständigen in sein Haus lassen, wie er mir später erzählte, so wollte es das Exekutionsgericht.

Jeder sah im Internet also Bachlers Bett samt Bettwäsche, das Kruzifix an der Wand, seinen Wäscheständer, seine Toilette, seine Fremdenzimmer, ja sogar die Dusche mit dem Mangalitza-Plakat. Der stolze Besitz von Generationen als Schnäppchen zur Versteigerung angeboten.

»Vorraum: 1 Bauernkasten, 1 Holztisch, 1 Bank, Sessel, 1 Schuhkastl, 1 Kühlschrank: 100 Euro«; »Zimmer: 2 Betten, 2 Nachtkästen, 1 Schrank: 50 Euro«; »Wohnzimmer: 1 Holzbank, 3 Holztische, 4 Sessel, 1 Holzuhr: 100 Euro«; »Büroraum: 1 Schreibtisch: 10 Euro.«

Der Wert des gesamten Inventars im »Wohnhaus« samt Fremdenzimmer: 1500 Euro. Bachlers Möbel waren für den Sachverständigen im Grunde wertlos, ein Fressen für die Schnäppchenjäger.

Unter der Rubrik lebendes Inventar waren auch Bachlers Tiere katalogisiert: »35 Stück schwarzes Alpenschwein (0–3 Jahre), 25 Stück Mangalitza Schweine (0–3 Jahre), 3 Stück Schafe, diverses Alter, 50 Stück Puten, Schlachtung im Herbst geplant, 40 Stück Hühner, diverses Alter. 1 Stück Tuxer Rind, 1 Yakkuh, 1 Yakviehkalb, 26 Stück Fleckvieh.« Immerhin: Seine Tiere waren 90 975 Euro wert. Sogar die im Grundbuch als Servitut einverleibten zukünftigen Begräbniskosten seiner Mutter listete der Sachverständige wertmindernd auf: 7000 Euro für ein »ortsübliches Begräbnis auf einer würdigen Grabstätte«.

Ich lud mir die Gutachten und Edikte auf den Laptop, klappte ihn zu und rief meinen Sohn.

»Leo!«

»Ja?«

»Der Bauernhof vom Bachler wird versteigert.«

»Papa, was heißt versteigert?«

»Er wird um die Hälfte des geschätzten Wertes zum Verkauf

angeboten. Dann kommen irgendwelche Leute und bieten einen Preis. Wenn der Bachler ein Pech hat, wird der Hof, der auf eine Million Euro geschätzt wird, um nur 500 000 Euro verkauft. Und das wegen 130 000 Euro, die offen sind. Dann hat er nach Abzug der Anwalts- und Gerichtskosten noch etwa 300 000 Euro. Sein ganzes Vermögen ist dann vernichtet.«

»Das ist unfair.«

»Wir haben nur sechs Wochen Zeit, Nessi, Bachler und den Kater zu retten.«

Leo beschäftigte die Sache. Er setzte sich mit seiner Schwester Anna an den Computer, die beiden montierten acht seiner auf der Alm geschossenen Fotos in ein Word-File und gestalteten ein Plakat. Es zeigte Aggrobert, die Weidegans, friedlich im satten Grün. Das weiße Pferd neben der Ziege hoch oben auf der Alm, das Yak Yakob und eine Sau, die sich im Schlamm suhlte. Darunter schrieb Leo: »Rettet den Bachlerhof! All diese Tiere leben derzeit am Bachlerhof: Schweine, Rinder, Gänse, Truthähne, Perlhühner, Hühner, ein blader Hund namens Nessi, ein Pferd, eine Ziege, eine Katze mit einem Auge namens Pirat und sogar Yaks. Nun soll der Bauernhof zu einem viel zu geringen Preis versteigert werden. Das darf nicht passieren! Der Bauer, seine Mutter und all die Tiere dürfen nicht ihr Zuhause verlieren. Wer mithelfen will, kann hier spenden.«

Ich schrieb Bachler eine Whatsapp: »Wir sollten das Geld mit einer Spendenaktion sammeln!«

Bachler textete: »I muss da mal drüber schlafen. Ich muss das Gespräch mit der Bank abwarten – ich gehe hier sonst vor die Hunde. Soziales Umfeld und so weiter. Ich hoffe, du verstehst, was ich meine. I meld mi morgen amol. Bei uns kündigt sich a Bergrettungseinsatz an. Danke für deine Hilfe und deine Freundschaft!«

»Lass dir nicht zu viel Zeit.«

»Ich weiß.«

»Es brennt der Arsch.«

»Mhm.«

»Wir nennen die Aktion: Rettet den Wutbauern!«

»Das ist unglaublich gut für die Seele – dieser Rückhalt. I muss aber vorher mit der Bank reden, ansonsten ist alles, was ich in zehn Jahren als aufklärender Bauer aufgebaut hab, beim Teufel, weil ich dann den Kontakt zur Bauernschaft komplett verliere. Vom sozialen Umfeld ganz zu schweigen.«

»Ich glaub ja, dass du sehr viel Zuspruch kriegen würdest.«

»Ich hab halt öfters gegen das Kammer-ÖVP-Raika-Netzwerk gesprochen. Sie haben mich in den letzten Jahren gezielt sabotiert. Kontrollen immer knapp vor Auszahlungsterminen, damit du wieder sechs Monate aufs Geld warten musst, auf das die Bank wartet. Dann musst teuer zwischenfinanzieren, und der Teufelskreis beginnt. Also der Klassiker in der Landwirtschaft.«

War es so einfach? Ich wollte mehr wissen, aber dazu brauchte ich den Akt. Ich wollte wissen, wieso Bachler von der Bank so brutal in die Knie gezwungen wurde. Wieso hat er es so weit kommen lassen?

»Christian, ich brauch den Akt!«

»Wie kann ich fehlende Unterlagen vom Gericht anfordern, beziehungsweise wie bekommt man da Einsicht? Ich war in den letzten beiden Wintern phasenweise derart depressiv, dass mir über einige Monate komplett die Erinnerung fehlt. Das macht das Z'sammsuchen grad megamühsam für mich.«

XI

DER GERICHTSAKT

---

14 Prozent Zinsen,
460 000 Euro Schulden

Bachler stand also am Abgrund. Seine Worte damals zum Abschied nach meinem Praktikum waren ein Warnschrei. Die Raiffeisenbank Murau hatte bei Gericht einen Versteigerungstermin erwirkt, aber er hatte nicht einmal Gerichtsakten, geschweige denn einen Anwalt zur Hand, der ihm zur Seite stand?

Wie kann das sein, es geht doch um seine gesamte Existenz? Es herrscht doch Anwaltszwang, wenn es um so hohe Beträge geht. Wer hat ihn anwaltlich vertreten? Wieso ist die Sache so eskaliert?

Und noch eine Frage beschäftigte mich: Geht mich das eigentlich etwas an? Bachler hatte mir vielleicht absichtlich nichts davon erzählt. Ja, er hatte mich zuerst beschimpft und dann eingeladen. Ja, ich hatte bei ihm geurlaubt. Aber sonst hatte er mich in seine Finanzen nicht eingeweiht. Sollte ich also dem Alarmruf von Bachlers Nachbarn folgen und dem Bauern meine Hilfe, also meine Kontakte zu Experten und meinen Zugang zur Öffentlichkeit, aufdrängen? Und ist es überhaupt die Aufgabe eines Journalisten, einem Bergbauern in Not zu helfen? War es legitim, vielleicht sogar die Öffentlichkeit für ihn zu mobilisieren? Warum nur für ihn? Steht sein Fall exemplarisch für irgendetwas in diesem Land?

Ich fasste den Entschluss, Bachler zur Seite zu stehen, ich gab die Rolle des distanzierten Beobachters auf und mischte mich ein. Warum aber tat ich das? Aus Freundschaft. Aus Angst davor, dass Bachler sich etwas antun könnte. Aus Dankbarkeit dafür, dass er mir, aber auch meinem Sohn, seine Welt und die Welt der Alpen gezeigt hatte. Und wegen seines Satzes, ich hätte »noch nie Existenzangst erlebt«.

Mit einem Schlag hat Bachler mir bewusstgemacht, dass ich im Gegensatz zu ihm ein geregeltes Einkommen habe, samt Urlaubsgeld, Weihnachtsremuneration, Netzkarte für die Wiener Linien. Und um mein Gehalt leiste ich mir und meiner Familie im Supermarkt jene Produkte, die Bergbauern wie er produzieren, manchmal google ich die Namen der Bauern, die die Supermarktketten auf Freilandhühner und Rindfleischtassen drucken, um ihrer Herkunftsgarantie gerecht zu werden. Nicht nur wegen dem Milchpreisverfall, der Konkurrenz durch die Fleischindustrie und den veränderten Agrarförderungen ist Bachler in die Schuldenfalle gerutscht, sondern auch deshalb, weil er seine Lebensmittel so aufwendig produziert. Und daran geht er nun zugrunde. Und die Bank geht als Sieger vom Platz. So ist der Kapitalismus. Wir mussten ihm irgendwas entgegensetzen. Zumindest in diesem einen Fall.

Ich hatte mit dem Raiffeisen-Imperium eigentlich nie viel zu tun, obwohl es wohl das mächtigste Netzwerk der Republik ist, ein »grüner Riese«, wie es einmal die Hamburger *Zeit* formulierte. Ich weiß aber, dass der Raiffeisengedanke ein sozialer Gedanke war, dass die Genossenschaft einst dazu diente, dass Bauern anderen Bauern helfen. Mitte des 19. Jahrhunderts, als in Österreich die Leibeigenschaft fiel, wurde in Deutschland der Kommunalbeamte Friedrich Wilhelm von Raiffeisen von der Preußischen Verwaltung damit betraut, die Bittgesuche von Bauern zu bearbeiten, die nach Unwettern oder Dürren nichts mehr zu essen hatten, weil die Ernten zerstört waren. Er war es, der jene Genossenschaften gründete, die heute seinen Namen tragen. Bauern, die unter Wucherzinsen litten, sollten sich gegenseitig helfen.

Der Raiffeisen-Konzern hat damit freilich nur mehr am Rande zu tun. Er setzt Milliarden um, er ist ein Big Player in der internationalen Bankenlandschaft. Als wir uns vor Jahren gemeinsam mit einem internationalen Recherchekollektiv durch die sogenannten Panama Papers ackerten, entdeckten wir, dass auch die Raiffeisen International Geld ukrainischer Oligarchen geschickt versteckte und so unter Geldwäscheverdacht geriet. Ein andermal recherchierte ich über Raiffeisen-Filialen in kleinen und mittleren Städten, die Kleinanlegern – Pensionisten und Hausfrauen – dubiose Finanzprodukte aufschwatzten, sogenannte Schiffsfonds oder holländische Immobilienfonds. Die Anleger wurden mit Provisionen und anderen Vermittlungsgebühren so massiv abgezockt, dass die Gerichte die Finanzgeschäfte als sittenwidrig verurteilten. Allein diese beiden Recherchen zeigten, dass sich die »Giebelkreuzler«, wie man Raiffeisen-Mitarbeiter nennt, bisweilen vom ursprünglichen Genossenschaftsgedanken sehr weit entfernt hatten. Aber es gab und gibt auch sozial engagierte Banker, jene, die im entscheidenden Moment den Daumen nach oben streckten statt nach unten. Die um die Tradition der Bank wussten. Ich hoffte, einen dieser Reformgeister zu finden. Noch immer war ich mir relativ sicher, dass man die lokale Bank davon abbringen konnte, einen bäuerlichen Betrieb wegen einer vergleichsweise läppischen Summe versteigern zu lassen. Ein Wiener Investmentbanker mit guten Kontakten in diese Szene erklärte mir aber staubtrocken, dass genau das, was Bachler drohe, nichts Außergewöhnliches sei, dass das genau der Grund sei, warum viele Bauern Raiffeisen im Stillen verachten. Die Bank gewähre den Bauern Kredite für Großinvestitionen, die diese nie zurückzahlen können, um sie dann zu pfänden und ihren billig ersteigerten Besitz unter benachbarten Bauern aufzuteilen. Es gebe Tausende solcher Schicksale im Land. Der Fall Bachler sei exemplarisch, Bachler im Grunde ein Leibeigener.

Ich versuchte, Leute aus dem Bauernbund und dem kritischen ÖVP-Milieu zu mobilisieren, damit sie vielleicht ein Wort für Bachler einlegten. Aber all die Agrarlobbyisten, die sich beim Kuhurteil noch so laut für die Lage der angeblich durch die Justiz bedrohten Bauern starkgemacht hatten, waren auf einmal still, sehr still. Da kam nicht viel. Eigentlich nichts.

Niemand im Bauernbund hatte für Bachler öffentlich das Wort ergriffen. In der *Bauernzeitung* kein Wort. Manche Funktionäre riefen zwar bei ihm an, um sich über seine Lage zu erkundigen, aber öffentlich für ihn einzutreten, das wollte niemand.

Warum auch? Juristisch gesehen war Bachler im Unrecht. Die Bank hatte einen Exekutionstitel, denn Bachler hatte seine Kreditlinien nicht bedient. Und die Bank hatte offenbar schon ein paar Interessenten für Bachlers Jagdgründe gefunden. Die spitzten darauf, mit seinen Almwiesen eine sogenannte Eigenjagd zusammenzustoppeln, die man gewinnbringend verpachten kann.

Dennoch schrieb ich eine E-Mail an Bachlers Kundenbetreuer bei der Raiffeisenbank Murau. Ich wollte klären, ob es noch den Funken einer Chance gibt. »Sehr geehrte Damen und Herren«, schrieb ich, »ich habe gehört, dass Sie den Hof von Christian Bachler zwangsversteigern wollen. Ich habe eine große Reportage über ihn verfasst. Er ist einer der ambitioniertesten Bauern. Ist das richtig, dass er wegen 135 000 Euro seine Existenz als Bauer verlieren wird? Mit freundlichen Grüßen.«

In meiner Naivität hatte ich gehofft, dass die Genossenschaft den Fall auf ein anderes Gleis stellt, dass sie den Visionär in Bachler erkennt und ihm unter die Arme greift. Dass sie Kapital schlagen würde aus seinem Einsatz und seiner Initiative. Aber das waren natürlich nur meine eigenen Hirngespinste.

Die Antwort von Bachlers Kundenbetreuer war dennoch überraschend: »Sehr geehrter Herr Klenk! (…) Ich kann Ihnen versichern, dass wir uns in den letzten Jahren sehr darum bemüht haben, eine Lösung gemeinsam mit Herrn Bachler zu finden. Herr Bachler war jedoch nicht gesprächs- und kooperationsbereit. Ein Mitarbeiter der Raiffeisenbank und ich waren auch direkt bei ihm auf dem Hof und haben versucht, eine Gesprächsbasis herzustellen, dies war leider ohne Erfolg. Wir sind selbstverständlich immer noch zu konstruktiven Gesprächen bereit und hoffen, dass Herr Bachler den in der Zwischenzeit vereinbarten Termin wahrnimmt. Mit freundlichen Grüßen aus Murau.«

Bachler hatte die Raika-Leute vom Hof gejagt, wie er später zugab. Aber es gab jetzt einen Funken Hoffnung, es gab zumindest noch einen Termin. Es musste nun schnell gehen, denn wenn Bachlers Betrieb einmal im Gerichtssaal zur Versteigerung gelangen würde, dann ist er weg, und wahrscheinlich hätte er bei der Exekution nicht viel mehr bekommen als den sogenannten Bleistiftwert. So nennt man bei Gericht den Ausrufungspreis zur Hälfte des Schätzwerts.

Ich war mir ziemlich sicher, dass Interessenten sich schon abgesprochen hatten, um die Bachlerbeute billig zu teilen. Das ist nicht unüblich bei gerichtlichen Feilbietungen. Als ich mein Jusstudium im Jahr 1996 abgeschlossen hatte, arbeitete ich kurz am alten Handelsgericht Wien und besuchte dort immer wieder Versteigerungen. Die Schnäppchenjäger schnapsten sich schon frühmorgens aus, wer bei der Ausrufung die Hand hebt und wer nicht, niemand lizitierte den anderen in die Höhe – und so profitierten alle, außer dem Schuldner. Ein Missstand, der den Gerichten bekannt war, den sie aber als Unsitte akzeptieren mussten.

Profis mussten also her, und zwar schnell. Anwälte, Bankexperten, Sanierer, PR-Leute, aber auch Helfer aus der Landwirtschafts-Bürokratie und den Medien. Ich telefonierte stundenlang herum. Bauernbund, Landwirtschaftskammer, Landwirtschaftsministerium, Anwälte. Und während ich forschte, rief mich ein Kollege der steirischen *Kleinen Zeitung* an. Auch er hatte von der Versteigerung gehört. Er hätte nun eine große Story platzieren können, aber wir vereinbarten beide Stillschweigen. Bachlers Existenz ging vor, kein Wort in der Öffentlichkeit. Auch Bachler bat darum, zunächst zu versuchen, die Sache im Stillen zu lösen, nachhaltig.

Einen Fachmann für diese schwierige Aufgabe musste ich nicht lange beknien: Michael Pilz. Der Wiener Rechtsanwalt mit den runden schwarzen Brillen und dem Dreitagebart residiert im Dachgeschoß eines Jugendstilhauses in der Wiener Josefstadt, von seinem Besprechungszimmer aus sieht er über die ganze Stadt bis zu den Weinbergen des Kahlenbergs.

Es ist eine schicke Kanzlei, in der Pilz arbeitet, kühles, futuristisches Design, Neonlicht, ozeanblaue Teppichböden, viel Glas, Schiebetüren, die sich wie von Geisterhand selbst öffnen. Nein, normalerweise werden hier wohl keine überschuldeten Bergbauern beraten.

Pilz hatte auch mich einmal vor dem Europäischen Gerichtshof für Menschenrechte in einem Streit gegen die Republik vertreten, er kämpfte dafür, dass ich eine Richterin kritisieren durfte, die einen Prozess gegen eine Asylwerberin höchst unfair geführt hatte. Wir blitzten leider ab, aber das lag nicht an Pilz, sondern an der Richterschaft, die harte Kritik an ihrer Arbeit nicht schätzt. Seit einigen Jahren ist er auch ein »Parteianwalt« der SPÖ, wie er es nennt. Er war einer der Ersten, der von Hintermännern das Ibiza-Video mit Heinz-Christian Strache und der Oligarchennichte angeboten bekommen hatte, lehnte aber namens seiner Mandantschaft ab, weil die SPÖ dafür nicht zahlen wollte. Er blieb diskret, erzählte niemandem etwas davon.

Irgendwie hatte ich ein gutes Gefühl, dass ich ihn für Bachlers Fall gewinnen könnte, weil die Geschichte doch so exemplarisch war. »Kannst du helfen?«, fragte ich ihn und schilderte die Angelegenheit in groben Zügen am Telefon. Pilz sagte sofort zu. Natürlich werde er Bachler helfen, pro bono, weil sich das so gehört.

Ich war glücklich. Nicht nur wegen der guten anwaltlichen Vertretung, sondern weil Pilz über eine bei Anwälten selten gewordene Tugend verfügt: Er beherrscht die Kunst der Streitvermeidung. Oft ist es ja so, dass Konflikte erst dann richtig ausschlagen, wenn man einen Anwalt beizieht. Die Tonlage in den Schriftsätzen wird sinnlos aggressiv, Anwaltsbriefe atmen den Geist der Eskalation, erst der Streit bringt den Kanzleien das Geld. Pilz, so meine Erfahrung, entspannt die Lage, ohne die Zügel zu lockern. Geschuldet war sein Engagement wohl auch seiner Familiengeschichte, die ihn für diesen Fall sensibilisierte, wie er mir später erzählte. Auch dieser über den Dächern Wiens residierende Anwalt kannte nämlich die bäuerliche Gesellschaft, die Bachler in seinem Wutvideo erwähnte und von der mir mein Vater erzählte.

Pilz' Vater wuchs bei Bauern unter ärmsten Bedingungen auf. Er war eines von neun Kindern eines Mühlviertler Bergbauern, nur sechs Geschwister hatten die Not der Vorkriegszeit überlebt. Sie mussten ihre Eltern noch siezen, so streng war diese archaische Welt. Als Einziger durfte sein Vater das Gymnasium besuchen. Priester hätte er werden sollen, wenn es nach der Mutter gegangen wäre, studiert hat er aber Bodenkultur in Wien, dann heuerte er bei der Landwirtschaftskammer in Oberösterreich an, wurde Leiter des Mühlviertler Fleckviehzüchterverbandes und erlebte in dieser Position die Industrialisierung der Landwirtschaft und seinen eigenen Aufstieg in das bürgerliche Akademikertum, wie Pilz mir später erzählte.

Kunstdünger, Spritzmittel, Besamungstechniken: Der kleine Michael bekam mit, wie sich die bäuerliche Gesellschaft in eine Hochleistungslandwirtschaft transformierte und wie viele Bauern damit nicht zu Rande kamen. Er saß in Freistadt in den Rinderauktionshallen und sah zu, wie Stiere nach Italien verkauft wurden. Und er staunte über die Besamer, die mit dem ganzen Unterarm ihrem Geschäft nachgingen. Sein Vater protestierte gegen diese Entwicklung auf seine Art. Er sympathisierte mit den aufkommenden Grünen, gründete in den späten siebziger Jahren zum Nebenerwerb einen Biobauernhof und galt bei den eingesessenen Bauern damals als Spinner, ähnlich wie Bachler heute.

Pilz ist nach der Matura in die Stadt gezogen, wurde zuerst Buchhändler und studierte dann Jus. Nach dem Studium arbeitete er bei namhaften Wiener Menschenrechtsanwälten, er kämpfte vor dem Verfassungsgerichtshof für die von der Polizei verdroschenen Opernballdemonstranten oder für linksextreme Hausbesetzer der legendären Wiener Ägidigasse, die von der Polizei an den Haaren aus einem von ihnen in Beschlag genommenen Altbau geschliffen wurden. Die Fotoaufnahmen der Straßenschlachten zeigen eine enorm gewaltbereite Polizei.

Jetzt stand die Räumung eines Bauernhofes durch eine Bank bevor. Und Pilz spürte gewissermaßen, dass dafür nicht nur ein überforderter Bauer verantwortlich war, sondern auch strukturelles Unrecht.

Ja, man kann es sich einfach machen: Da ist der Schuldner Christian Bachler, der sich eindeutig übernommen hat, der vom zu früh verstorbenen Vater einen maroden Betrieb geerbt hat und nun sein Land hergeben muss. Aber so simpel ist es nicht. Da ist auch die Bank, die ihm einen Kredit nach dem anderen nachgeschmissen hat – wissend, dass der Bauer ihn nie zurückzahlen wird können, aber auch wissend, dass das Geld mit Grund und Boden besichert ist. Das Risiko bei diesem Deal trug Bachler in Wahrheit ganz allein. Denn zur Not kann die Bank – anders als bei Privatschuldnern oder Kapitalgesellschaften – die gesamte Existenz ihres Kunden verwerten, seine Weiden, Almen, Wälder, ja sogar sein Ausgedinge.

Pilz übernahm den Fall, Bachler gab ihm eine Vollmacht, und so kamen wir an den ganzen Gerichtsakt des Landesgerichts Murau. Langsam wurde die Wahrheit offenbar, wie mir Pilz schrieb. Denn Bachler wurde aufgrund eines sogenannten Versäumungsurteils verurteilt. Er ist nicht zu dem für ihn so wichtigen Prozess erschienen, und somit war auch kein Anwalt zugegen. Die Folge war fatal: Das Gericht stempelte den Schriftsatz des Anwalts der Bank ab mit dem Vermerk »Versäumungsurteil«.

»Die beklagte Partei ist schuldig, der klagenden Partei einen

Beitrag von gesamt 135114,65 Euro samt 14,75 Prozent Zinsen seit 10.08.2018 aus einem Betrag von 13 914,14 und 9,75 Prozent Zinsen seit 10.08.2018 aus einem Betrag von 50 000 Euro sowie samt 11,625 Prozent Zinsen seit 10.08.2018 aus einem Betrag von 1.726,44 und 3,625 Prozent Zinsen seit 10.08.2018 aus einem Betrag von 70 233,37 und samt 11,625 Prozent Zinsen seit 10.08.2018 aus einem Betrag von 1.040,70 und 3,625 Prozent Zinsen seit 10.08.2018 aus einem Betrag von 43 200,00 zu Handen der Klagsvertreterin zu bezahlen; dies binnen 14 Tagen bei sonstiger Exekution unter anderem in die Liegenschaft der klagenden Partei.«

Dazu noch die Gerichtskosten für den Versäumungsurteil-Stempel in der Höhe von 4868,52 Euro. Und die Kosten des Sachverständigen, der Bachlers Liegenschaft schätzte: 5300 Euro.

»Die gerichtliche Feilbietung ist für den 20.10.2020 anberaumt; sie wird auch stattfinden«, schrieb mir Pilz umgehend, »wenn bis dahin nicht eine der untenstehenden Maßnahmen ergriffen werden konnte. Entweder: Bezahlung des offenen Saldos inklusive Kosten und Antrag auf Einstellung der Exekution, das sind EUR 135 000 plus Zinsen, zuzüglich der Kosten des Titelverfahrens und der bisherigen Kosten des Versteigerungsverfahrens. Oder: Aufschiebung der Versteigerung auf Grund einer Zahlungsvereinbarung mit dem betreibenden Gläubiger. Oder: Aufschiebung der Exekution wegen Naturkatastrophe: Mit einem der COVID-Begleitgesetze wurde auch die Möglichkeit geschaffen, wegen der Pandemie einen Aufschub einer Zwangsversteigerung zu beantragen.«

Und so kam es auch. Der Richter setzte die Versteigerung wegen Corona ab. Das war die gute Nachricht in dieser Pandemie. Sie hat uns etwas Zeit verschafft. Die schlechte Nachricht:

Bachler hatte viel mehr Schulden, als er uns zunächst anvertraute. Pilz hatte es nach einer ersten Besprechung mit Bachler herausgefunden. Es waren in Summe 460 000 Euro, die er der Raiffeisenbank Murau schuldete. Bachler stand nicht am Abgrund. Er war eigentlich schon im freien Fall. Jetzt brauchten wir dringend einen Fallschirm.

XII

DIE MODERNE SKLAVEREI

Über die Not der Bauern

Bachlers Absturz begann mich immer mehr zu interessieren. Wie konnte es sein, dass ein Mann, der von früh bis spät rackert, auf seinen Urlaub verzichtet, in einer bescheidenen Kammer wohnt, ein verbeultes Auto fährt, auf jeden Luxus verzichtet und keine Familie zu ernähren hat, so prekär lebt? Wer profitiert von den Agrarförderungen, also von dem Steuergeld, das er von der Republik und der EU bezieht, immerhin 20 000 Euro im Jahr? Wieso ist der Betrieb so überschuldet?

Bachlers Geschichte ist exemplarisch für so viele Bauern in der Region. Er war der ältere von zwei Buben und hat den Hof mit zwanzig Jahren direkt nach der Schule und Ausbildung übernommen. Er war im Dauerclinch mit seinem Vater, weil er alles anders machen wollte. »Mehr Produktivität und endlich wieder investieren. Ich wollte richtig Gas geben, und ich wusste, wir müssen investieren, sonst stagnieren wir. Ich habe keinen Bergbauernhof übernommen, um den Stillstand zu verwalten, sondern um Bäume auszureißen«, erzählte er später. Er übernahm zwar keine Schulden, aber einen großen Investitionsrückstau. Der Fuhrpark und der Stall waren desolat, an Tierwohl war bei einem alten Stall nicht mehr zu denken. »Also habe ich die notwendigen Maschinen gekauft, den Stall modernisiert und in eine Melkanlage investiert.« Damit war der erste Kredit vorprogrammiert, »weil unser Hof nicht genug abwirft, um aus dem Ertrag heraus zu investieren«. Bachler sagt, wer in der Landwirtschaft investiert, hat davor entweder Grünland in Bauland umgewidmet und verkauft, oder er geht zu Raiffeisen, und Raiffeisen gibt einen Kredit.

»Größer, weiter, schneller.« Dieses Denken prägte bis heute die konventionelle Landwirtschaft, sagt Bachler. Die gesamte Agrarpolitik basiere auf Quantität vor Qualität, »gefördert wird nach Größe, Kontingenten und Obergrenzen«. Bachler ließ sich anstecken: »Ein Nachbar gab 2004 seinen Hof auf, und wir haben einen Teil seiner Grundstücke gekauft. Ab 2006 begannen wir, uns auf Milchkühe zu spezialisieren, zuerst nur 35, dann siebzig Kühe. Laufend wurden uns Investitionsförderungen versprochen, die Kredite wurden uns nachgeworfen. Immer mit dem Sound von Raiffeisen und Bauernbund: Wer nicht investiert, bleibt auf der Strecke. Was stimmt, aber man bleibt als kleiner Bergbauer in dieser Maschinerie immer auf der Strecke.« 2009 kam die erste Milchpreiskrise und damit ein dramatischer Preisverfall. Plötzlich rasselte der Milchpreis herunter auf 23 Cent netto pro Liter. 2009 wurden die Almflächen neu berechnet, schlagartig wurden für einen Großteil der Almfutterflächen keine Fördergelder mehr ausbezahlt. Auch das Fördergeld wurde zur Schuldentilgung kalkuliert. Dann hagelte es Rückforderungen der Agrarmarkt Austria, und deshalb gab es auch keine Förderungen mehr. Also wieder ein Kredit. Bachler: »Ich war am Ende meiner Fahnenstange. Am Land redet man nicht über Krisen, Männer schon gar nicht. Heute kann ich sagen, ich war mit meiner Belastbarkeit am Ende und in einer tiefen Krise. Das hatte aber etwas Gutes. In der Krise fing ich zu lesen an. Mit dem Lesen kam das Nachdenken über das, was ich da eigentlich mache. Wie ich Landwirtschaft lebe. Da dachte ich mir zum ersten Mal, dass wir doch einen kompletten Vogel haben. Wir füttern auf 1450 Meter Seehöhe Eiweißfutter aus Übersee und halten 950 Kilo schwere Milchkühe, die sich auf unseren Almen kaum mehr bewegen können, weil sie zu schwer sind. Wir hackeln rund um die Uhr, um für unsere hochgezüchteten Nutztiere eine künstliche Umgebung bei maximalem Ressourcenverbrauch zu schaffen, statt heimische Viecher bei geringem Ressourcenverbrauch in einer natürlichen Umgebung zu halten. Blöder geht's eigentlich gar nicht.«

Bachler kann sich in Rage reden, wenn er über die Lage spricht, in die er sich auch durch eigene Schuld manövriert hat. Was mich aber immer mehr zu interessieren begann, war die Frage, ob er ein Einzelfall war, oder ob die Not, in die Bauern wie er rutschen, systembedingt ist und wieso das die Öffentlichkeit kaum interessiert.

Ich suche nach Antworten. Etwa in einem nüchternen Bürohaus im Bezirk Wien-Fünfhaus, in der Linken Wienzeile 234. Im zweiten Stock befindet sich das Büro von Marlene Kirchner, einer Veterinärmedizinerin und ehemaligen Tierombudsfrau. Kirchner lebte fünf Jahre in Dänemark, forschte in Kopenhagen über Massentierhaltung, und sie beschäftigt sich mit »Animal Welfare«, also Tiergesundheit. Heute arbeitet sie als Expertin für die Tierschutzorganisation Vier Pfoten, eine gemeinnützige Stiftung mit etwa sechshundert Mitarbeitern weltweit, gegründet von Heli Dungler, einem kürzlich verstorbenen Visionär und Kraftlackel, der in Österreich den Tierschutz lobbyierte wie kaum ein anderer. Als ich mit diesem Buch begonnen habe, lebte Dungler noch. Wir plauderten bei Topfengolatschen und Kaffee, und er erzählte, dass es möglich sei, Konsumenten an höhere Preise für landwirtschaftliche Produkte zu gewöhnen. Dass es möglich sei, den Preis für Eier fast zu verdreifachen, wenn Supermarktketten, Produzenten und Konsumenten ein gemeinsames Ziel haben, nämlich das Tierwohl, das Wohl des Bauern und das der Umwelt. Mit einigen anderen hatte Dungler die Supermärkte davon überzeugt, Eier von Käfighennen aus ihren Regalen zu verbannen. Und es gelang.

Wenig später starb Dungler. Sein Geist lebt weiter. Die Mitarbeiterinnen von Vier Pfoten nehmen sich Zeit, um den Fall Bachler mit mir zu diskutieren. Marlene Kirchner etwa. Eine Stunde spreche ich mit ihr über Bachler. Sie bestätigt: Der Fall sei nahezu beispielhaft für das, war gerade viele Bauern erleben. Schon als Studentin war sie »schockiert über die Not an Österreichs Bergbauernhöfen«. Einen Hof in Osttirol hat sie bis heute nicht vergessen, er habe sie an die Lebensbedingungen im 17. Jahrhundert erinnert. Die Bauern dort lebten in »existenzieller Not«.

Was verstehen Sie darunter?, frage ich.

Kein Bad, keine Türen, kein Fundament unter dem Boden, gestampften Lehm in den Zimmern statt Böden, keine Heizung außer einen mit Holz befeuerten Küchenherd im Wohnzimmer. »Ich war in Afrika, in sehr armen Ländern, aber diese durchdringende Armut wie bei diesem alten Bauernpaar, die hat mich sehr erschüttert, die werde ich nie vergessen.«

Kirchner stellte sich damals Fragen, die bis heute unbeantwortet sind. »Wie kann es sein, dass die Männer hier beim Morgengrauen zu arbeiten beginnen, ihre Ehefrauen, aber auch Kinder de facto als Arbeitskräfte ausbeuten müssen, spätnachts erschöpft einschlafen, aber dann nichts übrig bleibt?« Wie kann es sein, dass die Einkommen vor allem der Bergbauern Jahr für Jahr sinken? Der sogenannte »Grüne Bericht« des Landwirtschaftsministeriums, die Einkommensberichte der Arbeiterkammer, die Statistiken der EU: sie alle erzählen die gleiche Geschichte. Die Einkommen der Bauern sinken. Die Zahlungen der Steuerzahler in die Agrarindustrie steigen. Im Jahr 2019 verdiente ein bäuerlicher Haushalt durchschnittlich 27 970 Euro. In Summe flossen im Vorjahr in Österreich 2,2 Milliarden Euro von EU, Bund und Ländern in die Landwirtschaft. Tendenz steigend. Es sind 51 Millionen Euro mehr als im Jahr davor.

Kirchner sagt, das große Übel habe begonnen, als Lebensmittel an der Börse notiert worden seien. Schweinebäuche, Milchpulver. Ein »ungeahnter ökonomischer Druck« habe sich da auf die Bauern entladen, die von der Subsistenzwirtschaft hinübergeschlittert seien in das »ökonomische Konstrukt Landwirtschaft«. Wer kann noch billiger produzieren, noch schneller? Kirchner, die im bürgerlichen achten Wiener Gemeindebezirk lebt, die studiert hat und weitgereist ist, klingt exakt wie Bachler, der Rebell. Aber sie scheut vor Schuldzuweisungen zurück. Die Industrialisierung der Landwirtschaft hatte ja auch Antworten auf drängende Fragen. Sie begann mit der Bevölkerungsexplosion im Zug der industriellen Revolution in der zweiten Hälfte des 19. Jahrhunderts, als die Welt mehr und mehr Nahrung brauchte, setzte sich fort in den Hungersnöten nach den großen Kriegen, als es darum ging, die von Care-Paketen abhängige Bevölkerung wieder zu ernähren.

Und dann ging es um Export, um Marktvorherrschaft. Die Preise wurden gestützt, der Milchpreis blieb über Jahrzehnte gleich. An der Universität für Bodenkultur, so erzählte der verstorbene Heli Dungler seinem Team gerne, wurde noch gelehrt, wie wichtig eine Legebatterie sei. Dass sie sowohl dem

Huhn diene als auch dem Konsumenten. Voller Stolz präsentierten landwirtschaftliche Zeitungen in den Sechzigern Bilder von »Ferkelschutzkörben«, weil es Sau und Ferkel dort angeblich besser gehe. Ein Landwirt erzeugte im Jahr 1900 genügend Nahrung für vier Personen. 1950 ernährten Bauern in der Generation meiner Großeltern zehn Menschen. Jetzt sind es 150.

»Wir hungern jetzt nicht mehr. Aber irgendwann haben wir vergessen, dass wir echte Preise zahlen sollten, solche, die den Landwirten das Überleben sichern, und keine Kunstpreise. Die Landwirte wollen in Wahrheit nicht von Förderungen leben, sondern von einer fairen Bezahlung ihrer Leistung«, sagt Kirchner. Doch davon kann keine Rede sein. Die Tiere sind nichts mehr wert, daher müssen sie in Massen produziert werden. Aus dem Buch »Die Wegwerfkuh« der Journalistin Tanja Busse entnehme ich ein Beispiel, errechnet von der Hochschule Vechta im Oldenburger Münsterland, einer Hochburg der Intensivtierhaltung. Ein Hühnchen in Niedersachen habe in den 2000er Jahren einen Erlös von 1,38 Euro ergeben. Die Kosten lagen bei 1,33 Euro. Fünf Cent verdiente ein Hühnermäster pro Tier, bei steigenden Futterkosten. Die Produktion von Massenware braucht immer mehr Infrastruktur, immer teurere Kredite, immer höhere Schulden, immer mehr Risiko und Fremd- und Selbstausbeutung und natürlich das Schreddern von männlichen Küken. Davor, sagt Kirchner, »machen wir immer noch die Augen zu«.

Und selbst wenn wir sie öffnen, sehen wir nichts. Denn da gibt es diese Divergenz zwischen der Ja!-Natürlich-Schweinchen-Welt, der gediegenen Landleben-Magazin-Hüttenromantik, dem Sehnsuchtsort Bauernhof unserer Kinderbücher und den CO_2-Betäubungsbädern, den osteuropäischen Sklavenarbeitern, den Corona-Infizierten bei Tönnies und dem Strick, von dem Bauer Bachler so oft sprach. Über diese Divergenz wird nicht gesprochen, nicht öffentlich, darüber wird nicht informiert. Und wenn es passiert, dann aggressiv, so wie Bachler es damals machte, als er mich beschimpfte. Dahinter steckte ja auch ein Fünkchen Wahrheit. »Die Leute auf dem Land wissen, wie Landwirtschaft heute aussieht. Viele Konsumenten hingegen haben nur Bilder aus ihrer Kindheit im Kopf oder Erinnerungen an den Ferienbauernhof. Oder sie schauen mit ihren Kindern Bilderbücher von idyllischen Fantasiebauernhöfen an – und erschrecken natürlich, wenn sie im Fernsehen ungeschönte Bilder aus modernen Mastanlagen sehen«, schreibt Tanja Busse in »Die Wegwerfkuh«. Denn »solange die Kunden der Discounter Fleisch, Wurst, Milch, Butter und Eier zu Super-Sonder-Extra-Billigpreisen kaufen, glaubt kein Landwirt, dass der Kundenwunsch nach mehr Tierschutz den Konsumenten einen müden Cent mehr wert ist«.

Nicht anders ist es auch in den Wirtshäusern, in den Hotels und Kantinen, in den Buffets und Skihütten, wo, anders als in Supermärkten, nicht über die Herkunft von Fleisch, Eiern und Milch informiert wird. Wer seinen Gastwirt fragt, woher er das Fleisch für sein Schnitzel bezieht, erntet in der Regel verächtliche Blicke. Oder die Antwort »vom Metro«, dem Großlieferanten.

Dass in unseren idyllischen Berg- und Skihütten nur zehn Prozent der Lebensmittel aus Österreich kommen, wie Vier Pfoten beklagt, dass wir Flüssigei-Importe aus Lettland nutzen, um unser Rührei am Frühstücksbuffet zu produzieren, dass der Kaiserschmarrn aus den Kanistern rinnt, Hähnchenfleisch aus der Ukraine, Puten aus Polen: davon wissen wir in der Regel nichts. Eine Kennzeichnungspflicht in der Gastronomie wird nicht nur von den Wirten und Hoteliers, sondern auch von konservativen Landwirtschaftsministern boykottiert. Die Wirte würde das angeblich in den Ruin führen.

Gibt es Auswege? Die Tierwohlexpertin Kirchner spricht von »Heile-Welt-Inseln«, die sich gerade formieren würden. Sie meint damit nicht nur klassische Biobetriebe, sondern neue, durchaus utopische Wirtschaftsmodelle, sogenannte »solidarische Landwirtschaft«. Landwirte entdecken Crowdfunding, sie laden ihre Kundschaft auf den Hof. Die Direktvermarktung boomt, ein Plus von vierzig Prozent vermerkt das Landwirtschaftsministerium. Die Bauern beginnen sich vom Lebensmittelhandel zu entkoppeln, sie entdecken die sozialen Medien und soziale Modelle. Kunden kommen nicht mehr auf den Hof, um Fleisch und Milch zu kaufen, sondern sie schließen einen Vertrag mit den Bauern, bezahlen sie für das Wirtschaften und bekommen einen Teil der Ernte, die in kleinen versperrbaren Containern oder Schuppen abgeholt werden kann – nach einem Fair-Use-Prinzip.

In Whatsapp-Gruppen und auf Facebook wird da von Bauern die Schlachtung eines Schweines verkündet, und in wenigen Stunden ist es verkauft und versendet. Natürlich ist es nur ein kleiner Teil der Bauern, der sich auf diese Weise von der Preis- und Knebelpolitik der Molkereien und Supermärkte befreien kann. Bachler hat es versucht, aber aus eigener Kraft hätte er es wohl nur unter großen Mühen und unter Abverkauf von Teilen seines Betriebes geschafft. Aber er bemerkte, dass da etwas in Bewegung kommt. Zwei Mangalitza-Ferkel und ein Buch über alte heimische Tierrassen hätten bei ihm einen Prozess ausgelöst, der bis heute anhält, erzählt er. Er beschäftigt sich mit alten Rassen, dem Klimawandel und der Almwirtschaft. »Mit Bio-Landwirtschaft und Direktvermarktung stand ich bis dahin ja auf Kriegsfuß.« Er wirft seine Bedenken über

Bord, beginnt mit verbotenen stressfreien Hausschlachtungen und Direktvermarktung. Und Bachler bemerkt noch etwas: »Mein Tierarzt hat sich jedes Jahr einen neuen Jeep gekauft, während meine Schulden gewachsen sind.« Warum? Weil Tierärzte mit gestressten Tieren gut verdienen, wie Bachler polemisiert. »Die Gewinnspanne auf Antibiotika ist nämlich attraktiver als auf natürliches Grünlandfutter.« Kaum ein Tier in Massentierhaltung kommt heute ohne Antibiotika aus, und das hat große Auswirkungen. Dass tödliche Killerviren, multiresistente Keime, sogenannte Krankenhauskeime, vor allem dort auftauchten, wo große Schweineställe standen, konnten Journalisten des Recherchekollektivs Correctiv gemeinsam mit der Wochenzeitung *Die Zeit* anhand von Fakten beweisen.

Jährlich werden in Deutschland mindestens 750 Tonnen Antibiotika für Nutzvieh abgesetzt, dazu kommen Tonnen an Desinfektionsmitteln. Vor einem »postantibiotischen Zeitalter« warnen Rupert Ebner und Eva Rosenkranz in ihrem Buch »Pillen vor die Säue«. Also vor einer Zeit, in der wir alle aufgrund des massenhaften Antibiotika-Einsatzes auf diese so wichtige Medizin nicht mehr reagieren – mit verheerenden Folgen. Das Ergebnis der *Zeit*-Recherchen waren übrigens wütende Bauerndemos vor dem Hamburger Pressehaus. Mit Traktoren fuhren sie vor dem Backsteinbau am Speersort auf.

»Eine heimische Almkuh wiegt nur 650 Kilogramm und kommt mit der Alm zurecht«, sagt Bachler. »Eine Kuh, die sich bewegt, bleibt auch gesund. Und wer selbst schlachtet und vermarktet, braucht keinen Zwischenhandel mehr. Wir haben alles umgestellt.«

Es sind auch die sozialen Medien, die Bachler helfen. Über Facebook beschimpft er nicht nur seine Gegner oder jene, die er dafür hält. Er vertreibt dort eben auch diese kleinen, witzi-

Speckjause bei Bachler

gen Bilder und Videos seiner Tiere, die er als Petfluencer einsetzt. In meiner Bobo-Welt hätte er längst den Job eines Creative Directors, er könnte als Marketing-Profi wohl viel Geld
verdienen. Der Kontakt mit einer »lieben Fangemeinde«, wie
Bachler sein Publikum nennt, gibt ihm aber auch jene Glückshormone, die er in seinen depressiven Phasen braucht, als Antrieb, sie sind eine Art Sauerstoffschlauch in die Welt, die ihm
Zuspruch gibt, wenn auch nur digital und mit Emojis, aber immerhin. Und dann ist da noch die Zimmervermietungsplattform Airbnb, über die er seine Zimmer anbietet. An Gäste aus
vier Kontinenten und sechzig Nationen, wie er stolz erzählt.
Die Produkte verkauft er an seine Kundschaft über Direktver

marktung, er hat mehr Anfragen, als er bedienen kann. »Wir haben die Melktechnik verkauft und halten die Rinder jetzt zur Fleischerzeugung. Meine Rinder fressen statt Getreide nur mehr Grünfutter. Das schmeckt man auch, den Rosmarin und Thymian isst man bei unserem Fleisch mit. Aus den zwei Mangalitza-Ferkeln zur Selbsttherapie wurden hundert Freilandschweine, die das ganze Jahr draußen sind – das machen in der Höhenlage nicht viele. Bachler ist stolz auf die »gesunde Herde«, er ist stolz, dass der Tierarzt »jetzt nur mehr selten vorbeischaut«. Er ist stolz, dass seine Tiere »glücklich« sind.

Seine Alpenschweine wachsen hier zwar dreimal so langsam auf wie ein konventionelles Schwein, aber das Fleisch sei ein »Geschmackserlebnis«. Bachler sagt: »Ich bin jetzt der Bauer, der ich immer sein wollte. Wir schaffen ein großartiges Leben für das Vieh und ein tolles Produkt für den Konsumenten. Das ist es, was ich will. Wir Bauern müssen wieder vielfältiger und freier werden und endlich die Pappn aufreißen. Wir müssen raus aus den Förderungen – das ist Schweigegeld. Ich habe das System immer wieder kritisiert, und was passiert dann? Am nächsten Tag steht ein Agrarmarkt-Austria-Kontrolleur vor der Tür, und solange der dann seinen Prüfbericht nicht abgeschlossen hat, fließt auch keine Förderung, und ohne Förderung kannst du die Kreditrate nicht bedienen. Das erklärst du dann mal der Bank – denn die Bank gewinnt immer.«

XIII

DIE RETTUNGSAKTION

Geld muss her, aber schnell

460 000 Euro Schulden, davon 160 000 schon exekutierbar. Das sah wirklich nicht gut aus für Bachler. Wie sollte er das aus eigener Kraft je zurückzahlen? Schon die Zinsen, bis zu 14 Prozent, waren erdrückend. Der Hof war verloren. Oder?

Bachler, Pilz und ich schmiedeten eine Strategie. Bachler sagte: »Wenn wir es schaffen, 150 000 Euro an Spenden aufzutreiben, kann ich meinen Bergbauernhof und die Alm retten. Dann muss ich immer noch einen Kredit mit rund 120 000 Euro bedienen, aber das ist zu schaffen. Dann wird mein Leben nicht versteigert.«

Erstens musste also ein Sanierungskonzept her. Zweitens eine Umschuldung, also eine neue Bank, die Kredite zu besseren Konditionen bot. Drittens brauchten wir Spender, die Bachler halfen; das musste doch zu schaffen sein, Bachler war ja seit unserem Streit eine Art Influencer geworden. Wieso sollte hier nicht auch eine Heile-Welt-Insel entstehen. In Deutschland ist das längst etabliert. Aber die Spendenaktion war der Punkt, der Bachler besonders widerstrebte. »Denn ein Bauer wie ich, der das Maul aufreißt, der kann dann nicht betteln gehen. Das ist mein sozialer Tod«, glaubte er.

Wie aber stand es überhaupt um Bachlers Hof? Hatte er eine Chance, zumindest Teile zu retten? Gab es vielleicht irgendeine Hilfe aus dem Landwirtschaftsministerium für ihn? Ich rief einen Mann an, dem ich zutraute, zu helfen: Daniel Kosak.

Kosak ist eine sehr ambivalente Persönlichkeit. Er war Journalist, er war lange Zeit Sprecher des Österreichischen Gemeindebundes, er ist ÖVP-Vizebürgermeister in einer kleinen Speckgürtelgemeinde, und er arbeitet im Kabinett von Landwirtschaftsministerin Elisabeth Köstinger, einer völlig überfordert wirkenden Ministerin, die aus der Landjugend kommt und nicht gerade durch Reformfreude oder Visionen auffällt, sondern durch Sprechblasen. Kosak hingegen ist ein Mann vom Fach. Ich rief ihn an, schilderte ihm den Fall und bat ihn um Hilfe des Ministeriums. Kosak sagte Hilfe zu. Bachlers Fall überrasche ihn nicht, erklärte er. Bauern, die in existenzielle Schulden geraten, das ist offenbar nichts Neues für die Ministerialbürokratie. Kosak versorgte uns nun mit zwei wichtigen Infos: Erstens, das Ministerium könne Bauern Notfallkredite vermitteln, wenn dies nötig sei. Die von uns erhoffte Umschuldung sei daher machbar. Und zweitens: Das Ministerium kann über die Landwirtschaftskammern auch Betriebswirte organisieren, die überforderten Bauern Sanierungskonzepte liefern. Ein Service, den Bachler bisher nie in Anspruch genommen hat und von dem er auch nichts wusste.

Schon wenige Wochen später hatte Bachler erstmals in seinem Leben ein richtiges Sanierungskonzept auf dem Tisch. Ein Profi rechnete ihm vor, was er einnimmt und was er ausgibt. »Zukünftige Investitionen können nicht aus dem laufenden Betrieb finanziert werden – bei Beibehaltung der aktuellen Situation kommt es unweigerlich zu einer weiteren Verschuldung des Betriebs«, stellte der Betriebswirt der Landwirtschaftskammer Steiermark fest. Bachlers Einkommen betrage etwa 32 000 Euro im Jahr. Die Kreditraten an die Raika allein betragen 3500 Euro im Monat. Das könne sich nie und nimmer ausgehen. Aber noch etwas sagte der Sanierer zu Bachler: Er habe schon viel schlimmere Höfe gesehen. Bachler habe eine Chance, wenn er ein bisschen Land verkaufe. Er werde dann zwar nicht schuldenfrei sein, aber immerhin bleibe er noch Bauer. Bachler atmete das erste Mal auf. Er sah eine Chance.

So fasste er einen Plan: Er verkauft einen Anteil an einer Agrargemeinschaft um rund 160 000 Euro, er nimmt einen Kredit über 200 000 Euro auf, und 100 000 Euro versuchen wir über Crowdfunding, also eine öffentliche Spendenaktion, zu organisieren. Wir brauchten jetzt rasch eine neue Bank, die ihm hilft. Doch so leicht war das mitten in der Coronakrise nicht. Wer will schon einem völlig überschuldeten Bauern helfen? Und die Versteigerung rückte immer näher.

Wir klopften bei einigen großen Kreditinstituten an. Vergebens. Mit verschuldeten Bauern will offenbar keine Bank ins Geschäft kommen. Dann versuchte ich es bei der PR-Beraterin Christina Aumayr-Hajek. Ich kannte die engagierte junge Frau von einem anderen Fall. Als ich einige Zeit vorher über einen Missbrauchsskandal in der Ballettschule der Wiener Staatsoper recherchierte, ein Fall, der international Wellen schlug, betreute sie eine vom damaligen Kunstminister eingesetzte staatliche Untersuchungskommission äußerst gewissenhaft. »Kannst du helfen?«, fragte ich sie. »Ja, aber ich muss einmal mit Christian Bachler telefonieren.«

Christina Aumayr-Hajek arbeitet in einem eleganten Büro am malerischen Wiener Franziskanerplatz, Blick auf das Kloster, hohe Kastenfenster, die Räume mehr als fünf Meter hoch. An der Wand hängen moderne Gemälde und der »Blick auf

Venedig« von Ernst Huber. Im Bücherregal steht fast schon demonstrativ Carlo Strengers Buch »Abenteuer Freiheit«. Strenger, ein schweizerisch-israelischer Philosoph, stellte zum Beispiel die Frage, wie die Verständigung zwischen hochmobilen Schichten und den ortsverwurzelten nationalen Mehrheiten so deutlich zusammenbrechen konnte. Christina Aumayr-Hajek berät auch Politiker der Neos, sie ist keine deklarierte Sozialdemokratin wie Michael Pilz, sondern eine Liberale. Nichts hier lässt erahnen, dass auch sie die Tochter eines Bauern ist. Aber sie verspürte – so wie Michael Pilz – einen bäuerlichen Phantomschmerz, als sie Bachlers Geschichte hörte.

Auch Aumayr-Hajeks Vater war Landwirt. Mit sechzig Jahren stellte er seinen Getreidebetrieb um und wurde Biobauer. Mit schwierigen Lagen musste er sich aber nicht plagen, im Eferdinger Becken liegen die landwirtschaftlichen Filetstücke der Republik. »Mit der Kindheit von Christian Bachler hatte meine Kindheit vor allem die Freiheit und Natur gemeinsam, wir waren aber die Luxusbauernkinder«, erzählt Christina Aumayr-Hajek: »Ich hatte ein Pferd, mein Bruder spielte Tennis. Wir hatten einen Vierkanter mit Arkaden, einen Badesee, ein fast schon gräfliches Landleben.« Ein hochmaschineller Ackerbaubetrieb und die Subventionen der Steuerzahler sicherten der Familie den Wohlstand.

Doch der Vater war unglücklich, wie sie erzählt, so wie die meisten Bauern. Er übernahm, so wie Bachler, einen schwer überschuldeten Hof. Seine Eltern brummten ihm hohe Zahlungen auf. Seine Ehe scheiterte, die Trennung musste finanziert werden, damit droht einem bäuerlichen Betrieb in der Regel das Aus. Ein windiger AWD-Anlageberater versprach ihm Rettung. Christinas Vater spekulierte auf steigende Kursgewinne und finanzierte dieses Börsenglücksspiel mit einem horrenden Kredit von der Raiffeisenbank, bezahlte wahnwitzige Zinsen und verlor fast alles.

Die Bank, die das Hochrisikogeschäft ermöglicht, geht kein Risiko ein. »Der Vater musste Äcker verkaufen, um seinen Hof zu retten«, sagt Christina Aumayr-Hajek. Und noch heute ist sie wütend auf Raiffeisen, die diesen Irrsinn finanzierte und längst nicht mehr die Interessen der Bauern vertrat.

Auch Aumayr-Hajek erlebte damals diese »Sprachlosigkeit der Männer am Land in den zutiefst patriarchalen Strukturen«. Eine Sprachlosigkeit und eine tiefe Einsamkeit quäle die Bauern, über das eigene Scheitern werde nicht geredet, es fehle an der betriebswirtschaftlichen Ausbildung und an Agrargemeinschaften, erzählt sie. »Alle haben Schulden bis über beide Ohren, aber wenn einer einen John-Deere-Mähdrescher hat, müssen ihn die anderen auch haben. Und wenn es nicht mehr reicht, wird eben der Grund verkauft, im besten Fall umgewidmet und im schlimmsten Fall versiegelt. Im Grund steht Christian Bachlers Hof stellvertretend für den Hof meines Vaters. Deshalb habe ich bei der Rettung mitgeholfen.«

Christina kontaktierte also ihr Netzwerk, PR-Experten, die sich auf Crowdfunding spezialisiert hatten. Auch hier winkten die meisten ab. Niemand würde einem in Not geratenen verschuldeten Bauern etwas spenden, waren sie sich sicher. 20 000 Euro würden wir bestenfalls zusammenbringen, mehr nicht, schätzten sie. Das sei den Aufwand einer Kampagne nicht wert. Andere Fundraising-Profis legten nette Angebote vor, die wir uns nicht leisten konnten. Wieder andere boten sich an, wollten aber an den Spenden mitnaschen.

Mir schwirrte der Kopf. Also rief ich Niko Hofinger an, meinen Schwager in Innsbruck. Er ist nicht nur ein anständiger Mensch, sondern er kann auch Websites programmieren, und er hat das Herz am rechten Fleck, wenn es um widerständige Bauern geht. Niko unterstützte etwa den Blogger und Schafhirten Markus Wilhelm, eine der wohl interessantesten Figuren Tirols. Auf seinem Blog »dietiwag.org« deckt Wilhelm immer wieder die unglaublichsten Skandale und den Filz in Tirol auf. Er enthüllt, wie Landesräte von Seilbahnunternehmern angefüttert werden, er schreibt offen über den Mief aus Medien, Politik, Energieunternehmen und Tourismusindustrie. Niko kümmerte sich gewissermaßen im Maschinenraum um die Website von Wilhelm, er half aber auch immer wieder bei der Organisation kleiner Crowdfunding-Kampagnen, wenn er von Tiroler Machthaberern mit Klagen bedroht wurde.

Niko war unser Mann. »Macht die Seite nicht zu teuer«, riet er und bastelte noch in der gleichen Nacht an einem ganz normalen Word-Press-Blog. Ich klaute ein paar Fotos von Bachlers Facebook-Seite und von meinem Urlaub mit Leo. Niko montierte sie in die Website, Christina passte auf, dass die Bilder auch eine gewisse Fröhlichkeit und Zuversicht ausstrahlten und nicht zu erdig wurden; und dann gaben wir der Seite noch einen schönen Namen: »wutbauer.at«.

Auf einmal steckte ich in einer richtigen Spendenkampagne, das erste Mal in meinem Leben. Wir tüftelten an der Seite, feilten an den Texten, Michael Pilz sorgte für den juristischen Beistand. Eine Botschaft war uns allen wichtig: Hier ging es nicht nur um einen einzigen Bauern in Not, hier ging es um eine Systemfrage. Bank gegen Bauer. Aber auch Intensivtierhaltung gegen eine nachhaltige Landwirtschaft. »Die Bank gewinnt immer«, sagte Christina, »das müssen wir den Leuten klarmachen.«

Da ich selbst in das Fundraising involviert war, also Aktivist für Bachler wurde, beschloss ich, im *Falter* vorab nicht zu berichten. Das wäre unvereinbar gewesen. Aber ich informierte andere Kollegen: Hubert Patterer, den Chefredakteur der *Kleinen Zeitung*, einen geselligen Intellektuellen, der zu den besten Publizisten im Land zählt und mit dem ich gerne streite. Und Barbara Stöckl, die Moderatorin der nach ihr benannten ORF-Talkshow, die Bachler und mich nach unserem Zoff über das Kuhurteil schon einmal eingeladen hatte. Auch sie gab der Spendenaktion am Anfang keine allzu großen Chancen.

Ich aber glaubte an Bachlers Zugkraft. Ich sah, wie er die Leute im Netz mobilisieren konnte. Das war nicht nur seiner Bauernschläue im Internet geschuldet, sondern auch seiner Vision einer Landwirtschaft, die das Tierwohl heiligt, die einen anderen Zugang hat zu Viechern als jenen, sich die Tiere bedingungslos zu unterwerfen und auszubeuten.

Wie aber kamen wir jetzt schnell und unbürokratisch an Spendengeld? Da half mir Helge Fahrnberger, ein Mitarbeiter des Medien-Watchdogs »Kobuk«. Er machte mich auf das mir bis dahin unbekannte Tool Paypal-Pool aufmerksam. Es funktioniert erstaunlich einfach. Man erstellt eine Art digitales Sparschwein, einen »Moneypool«, beschriftet es mit dem Zweck, für den gesammelt wird, und generiert einen Link, den man über Social Media überall verbreiten kann. Wer darauf klickt, landet sofort auf einer Spendenseite, über die man mit wenigen Klicks kleine oder große Beiträge sammeln kann. Man muss keine Kreditkarte mehr eingeben, keinen Erlagschein ausfüllen, um zu spenden. Der Pool kostet nichts – und das Geld landet nicht bei irgendwelchen Zwischenhändlern, die Provisionen absahnen, sondern direkt beim Bauern. Und jeder konnte sehen, wie viel von wem gespendet wurde.

Wir hatten also alles beisammen. Ein Sanierungskonzept,

die Bereitschaft Bachlers, einen Teil seiner Landwirtschaft zu verkaufen, seriöse anwaltliche Beratung, eine vife PR-Expertin, den widerständigen Schwager mit seinen IT-Fertigkeiten, ein Spendenkonto, fesche Fotos, eine überzeugende David-gegen-Goliath-Story, mächtige lokale und überregionale Medien, die unsere Aktion wohlwollend begleiteten.

Es konnte losgehen. Wir schalteten die Seite wutbauer.at frei und informierten zuerst Josef Fröhlich, jenen Reporter der *Kleinen Zeitung*, der vor Wochen von Bachlers schwieriger Lage erfahren hatte und helfen wollte, statt eine schnelle Schlagzeile zu produzieren. »Verschuldeter Wutbauer bekommt Hilfe von seinem besten Feind«, titelte er und erzählte den Leserinnen und Lesern noch einmal vom Bauer Bachler und seinen beliebten Videos, die er immer mit den Worten »Liebe Leute da draußen!« startet und mit einem kleinen Grant gegen das System beendet. Und die *Kleine Zeitung* zitierte auch meinen Appell: »Christian ist ein Beispiel für viele Bauern. Hackeln von früh bis spät, und am Ende gewinnt immer die Bank.«

Als der Artikel am ersten Adventsonntag 2020 erschien, hatte auch ich ein Facebook-Posting verfasst: »Das ist jetzt ernst, ich bitte euch um Hilfe. Bitte teilt dieses Posting.« Und dann bettelte ich um Spenden: »Bauer und Bobo, ihr erinnert euch an mein Praktikum bei Bergbauer Christian Bachler auf dem Bergerhof Krakauebene? Ich bin zu ihm in die Steiermark gefahren, nachdem er mich wegen eines Artikels beschimpft hat. Er klärte auf, wie Almwirtschaft funktioniert, übte harte Kritik am System der Fleischwirtschaft. Und jetzt? Raiffeisen lässt seinen Hof versteigern! Bachler wachsen die Schulden und Prozesskosten über den Kopf. Ein Versteigerungstermin wurde nur wegen Corona verschoben. Wir brauchen mindestens 150 000 €. Dann können wir den Bergbauernhof retten. Dann kann der Kredit abgezahlt bzw. umgeschuldet werden, dann kann Bachler weitermachen. Er selbst wird Almen verkaufen. Aber das wird nicht reichen. Ein paar ehrenamtliche HelferInnen haben mit mir daher eine Website gebaut und ein Spendenkonto eingerichtet. Wäre doch gelacht, wenn wir Nessi, die Mangalitza-Schweine und die Yaks nicht retten könnten! Meine eindringliche Bitte: Helft dem Bergbauern aus der Klemme. Hier kann man schnell via Paypal spenden. Jeder Cent geht an ihn. Jeder Cent hilft jetzt.

Kaum hatte ich das Posting Sonntagfrüh abgesetzt, ging es drunter und drüber. 4400 Mal wurde es geliked, 4166 Mal geteilt, so viel Interaktion bekamen nicht einmal die Enthüllungen über die Ibiza-Affäre. Die Geschichte von Bachlers Not emotionalisierte die Leute und ging dermaßen schnell *viral*, dass mein Telefon heiß lief. Auch Bachler selbst war völlig perplex. Unentwegt brummte sein Handy, erzählte er mir später. Er hatte sein Smartphone so eingestellt, dass es bei jedem Paypal-Eingang kurz vibrierte.

Ein veritabler Spendensturm setzte da am ersten Adventsonntag ein. Die Leute schickten kleine Summen, aber auch stattliche Beträge, immer wieder blickte ich auf den Paypal-Pool, der den aktuellen Stand anzeigte. In dreißig Minuten waren 15000 Euro gespendet, nach nicht einmal zwei Stunden waren es 33772 Euro. Ich konnte gar nicht oft genug aufs Handy schauen.

11 Uhr 20: 43000 Euro.

11 Uhr 28: 50000 Euro.

Da kam mir noch eine kleine, subversive Idee. Da war noch jemand, der helfen könnte. Einer mit einem wirklich großen Facebook-Account und einer riesigen Fangemeinde, der Mann, dessen Lied ich damals im Bus von Bachler nach Murau gehört habe. Ein Steirer wie Bachler. Ebenfalls Halbwaise, weil sich der Vater angezündet hatte, wie er in seiner Biografie erzählte. Einer, den jeder kennt, weil er immer wieder das volkstümliche Leben besingt, die Bauern, Almen und den ganzen Kitsch der Berge. Der aber auch provoziert mit reaktionären Interviews und Machotum.

Ich hab zwar wenig zu tun mit und noch weniger Ahnung von Volksmusik. Aber der damals 34-jährige sogenannte Volksrock-'n'-Roller Andreas Gabalier hatte zwei Eigenschaften, die mich neugierig machten. Er füllte viermal hintereinander das Münchener Olympiastadion, ist also einer der erfolgreichsten Musiker des Landes, weil die Leute Sehnsucht haben nach der Melange aus Landkitsch, Volksmusik, Rock 'n' Roll, Antifeminismus und Ressentiments gegen die Stadtleut. Und dann hatte er ja noch etwas getan, was mich kitzelte: Er hatte mich beschimpft, so wie einst Bachler. In einem Facebook-Video, aber auch auf offener Bühne hatte er mich als seinen arroganten Feind aus Wien ausgemacht. Und das tat er ausgerechnet in jener Woche, in der meine Tochter auf der Klarinette »Hulapalu« übte, den Ohrwurm Gabaliers.

Ich würde »nichts von Traditionen und christlichen Festen halten«, rief Gabalier zu seinen Fans in die Stadthalle und schlug vor, dass ich am 24. Dezember, dem Tag, den ich als linker Städter angeblich nicht feiere, zu ihm in die Steiermark kommen möge, denn es würden ihm in der Krippe »Ochs und Esel fehlen«.

140 000 Besucher johlten damals begeistert. Sie wussten natürlich nicht, wie gut ich Vanillekipferl backen und Christbaum schmücken kann. Und als Gabalier dann auch noch dem Publikum den Schmäh erzählte, ich sei »undercover in der Halle« unterwegs, um »verheerende Geschichten« über ihn zu

schreiben, weil Blätter wie der *Falter* Presseförderung »in Millionenhöhe« bekommen, ging ein »Buh!« durch die Halle, das schon ein bisschen unheimlich war.

Gabalier hatte also fesch provoziert, das schafft Interaktion im Netz. Er weiß auch, was mein konservatives Heimatland gerne hört. Eine Bundeshymne, in der die Söhne, aber nicht die Töchter besungen werden. Und ein bisserl Wehmut, denn »man hat's nicht leicht auf dera Welt, wenn man als Manderl noch auf a Weiberl steht«.

Ich gebe es zu, ich musste schmunzeln über Gabaliers Attacken, sie waren mir nicht unrecht, denn auf einmal war ich mit meiner Zeitschrift in seiner Bubble bekannt. Und er legte noch einmal nach. Er filmte sich am Boden liegend mit roter Zipfelmütze und führte kichernd ein Facebook-Krippenspiel auf: »Der Ochs und der Esel«. Das waren der Chefredakteur der Tageszeitung *Standard*, Martin Kotynek, und ich; »der große Andreas« ist der Mann, der in dieser besinnlichen Zeit die Leute zusammenbringt, um gemeinsam zu singen und zu tanzen.

So war das also in seiner Welt: hier die arroganten, spaßbefreiten Städter, dort die geselligen und tanzenden Leute vom Land. Ich hatte also eine Rechnung offen mit Gabalier.

Ich besorgte mir seine Handynummer und rief ihn an: »Grüß dich, Volks-Rock-'n'-Roller, hier spricht der Ochs, du erinnerst dich?«

»Haha, ja.«

»Ich brauche jetzt was von dir. Also nicht ich, sondern einer jener Bauern, die du so gerne besingst.«

Es wäre doch wunderbar, sagte ich, wenn er jetzt sein Smartphone in die Hand nähme, wieder ein kleines Selfievideo aufnähme und die Spendenaktion für Bachler über seine Facebook-Bühne unterstützte.

»Das mach ich«, sagte Gabalier, ließ sich über den Fall ausführlich informieren, und ja, ich gestehe es, ich war ziemlich erstaunt, denn ich war davon überzeugt, er würde auflegen. Am Apparat war ein interessierter, aufgeschlossener und vernünftiger Mann, der völlig unprätentiös wirkte. Einer, der das Leben in Not aus eigener Erfahrung kennt, wie ich in seiner Biografie nachgelesen habe. Nicht nur Gabaliers Vater hatte sich umgebracht, sondern auch seine Schwester. Aus diesen Katastrophen hatte er sich mit seiner Musik befreit. Er unterstützte Flüchtlingsvereine. Hinter den Kulissen war er alles andere als der tumbe Recke, für den ihn Teile der sogenannten linken Öffentlichkeit hält (weil er angeblich in einer Hakenkreuz-Pose auf einem Plattencover posierte). Er schickte mir wirklich den Link zu einem Video, das er in seinem Studio aufgenommen hatte, zehntausend seiner Fans hatten es geliked. »Ich habe heute einen lieben Anruf bekommen vom Chefredakteur des *Falter*«, sagte Gabalier zu seinen Fans, einer Zeitung, »die meiner Musik kritisch gegenübergestanden ist.« Man müsse endlich »aus dem Schubladendenken kommen«, schob er nach, und daher wolle auch er mithelfen. »Denn gemeinsam mit euch schaffen wir es, den Pott voll zu machen. Da hänge ich mich gerne an. Und würde mich freuen, wenn das der eine oder andere Fan auch macht. Vielleicht werdet ihr Teil der Wirklichkeit eines kleinen Weihnachtswunders.«

11 Uhr 51: 60 000 Euro.

12 Uhr 41: 85 000 Euro.

13 Uhr 07: 100 000 Euro.

Christina per Whatsapp: »Unpackpar! Alle Social-Media-Stars in der Branche haben gesagt, das schafft man nicht. Raiffeisen ist erledigt. Zumindest heute.«

15 Uhr 55: 171 000 Euro.

19 Uhr 33: 231 278 Euro.

Christian Bachler: »Es is soooooo irre.«

21 Uhr 26: 250 000 Euro.

Eine Viertelmillion Euro innerhalb von nur zwölf Stunden. Das war die Macht der Crowd. Ja, wir wurden langsam nervös, Christina schrieb wieder ein Whatsapp: »Sensationell!! Aber wir müssen das gut begleiten, dass nicht hängenbleibt, er stößt sich mit Spenden gesund. Sonst kommt der Neid. Wer weiterspenden will, soll das tun.« Nein, eine Bauer-als-Millionär-Nummer, die wollte niemand.

Was tun? Bachler selbst wollte den Pool schon am ersten Abend zudrehen. Doch ich riet ihm ab, er werde das Geld brauchen. Die Leute wüssten, dass das Spendenziel von 150 000 Euro erreicht sei. Sie wollten ihm offenbar auch eine Zukunft ermöglichen.

»Irre. I werd ma jetzt an satten Schnapstee machen. Einfach nur irre. I geh hiaz heian. Vielen Dank«, schrieb er mir. Und ich antwortete: »Ich gehe auch schlafen, sehen uns am Dienstag in Wien bei Stöckl.«

Und da stand er dann, der Bachler, vor dem ORF-Zentrum, völlig übermüdet, mit Honk-Haube und »Ackerdemiker«-T-Shirt. 416 811,25 Euro hatte er von 12 829 Menschen bekommen. Er konnte alle Kredite zurückzahlen. Er war »freigeschlagen«. Und obwohl jede Stunde Zehntausende Euro in den Paypal-Pool strömten, setzte Bachler einen für ihn wichtigen Schritt: Er schloss den Pool. Er nahm keine Spenden mehr an. Er wollte nicht reich werden, sondern einfach frei. Was für eine Geste. Und dann setzte er noch eine. Er versprach per Facebook, der »Suizidprävention Steiermark« den Wert von drei seiner besten Ochsen zu spenden. Die Gründe dafür waren höchstpersönliche, wie ich erst viel später erfuhr.

Christian Bachler war krank, schwerkrank. Und es dauerte Jahre, ehe er darüber sprechen konnte. Weil es immer noch ein Tabu ist, wenn Bauern psychisch erkranken, etwa an Belastungsdepressionen, sogenannten Burnouts, die selbst einen kräftigen Zupacker wie Bachler so lähmen können, »dass mir das Hinaufsteigen zum Schlafzimmer schwerer fällt als früher ein Aufstieg auf den Preber«.

Es ist April 2021, als ich diese Zeilen schreibe, die Spendenaktion ist vier Monate her. Immer wieder wollte ich für diese Reportage nach Murau fahren, um Bachler und seine Mutter zu treffen, um dabei zu sein, wenn er für die Bergrettung ausrückt, von Lawinen verschüttete Touristen sucht oder einfach nur entlaufene Tiere zurück ins Tal holt.

Der Lockdown machte es unmöglich, einander zu treffen. Seine Fremdenzimmer standen leer, und wir haben uns entschlossen, dass ich auch nicht im Geheimen zu ihm fahren werde. Bachler hat nicht nur Freunde im Dorf.

Ein Wirt etwa meldete sich gleich nach der Spendenaktion und meinte, Bachler müsse eine versöhnliche Geste im Dorf setzen. Manche Leute seien ihm diesen Geldregen neidig, er habe sie vor den Kopf gestoßen. Und wie vom Wirt prophezeit, schrieb prompt ein Nachbar sowohl der *Kleinen Zeitung* als auch mir einen Brief und denunzierte Bachler im Stil eines Blockwarts. Er würde seine Wiesen nicht schön genug mähen, in den Bergen habe er einmal Reste von Silage-Folie zurückgelassen, sein Traktor sei schlecht gewartet, sein Betrieb unhygienisch und so weiter. Bachler habe schlicht und einfach schlecht gewirtschaftet. Nicht das System sei schuld, sondern Bachler selbst.

XIV

BACHLERS NOT

Das Burnout eines Bauern

Bachler sitzt jetzt mit seinem Bier in der Küche, stellt sein Handy vor sich hin – und ich sitze in meinem Schuppen in Niederösterreich, wo ich mir wegen der Pandemie ein kleines Büro eingerichtet habe. Dann reden wir wie so oft. Bachler fragt immer zuerst, wie denn die politische Lage sei »oben in Wean«, und wie das weitergehen werde mit der Ibiza-Affäre, mit Sebastian Kurz, mit Corona. Wir politisieren oft stundenlang.

An jenem Abend wollte ich mit ihm eigentlich über Schweine sprechen, über ihre Intelligenz und Schläue und wieso sie in Österreich für uns Konsumenten immer noch so gequält werden. Ich wollte Details über die Geschichte der Schweinezucht in den Alpen hören. Aber dann sprachen wir nur über die drei Ochsen. »Warum«, fragte ich Bachler, »hast du sie ausgerechnet der Suizidhilfe gespendet?«

Bachler will es erzählen. Er will endlich ein Tabu brechen. Er will berichten, wie es sich anfühlt, wenn Bauern es nicht mehr schaffen. »Wir werden mit den gesellschaftlichen Veränderungen aufgerieben«, erzählt er, »die Gesellschaft will vegane Fairtradekühe, die von braungebrannten Bäuerinnen auf die Alm getrieben werden und nichts kosten dürfen.« Das sei das Bild, das die Werbung, aber auch all die rustikalen Neben-industrien – die Volksmusik, die bunten Magazine, die Bauern-zeitungen – den Konsumenten vermitteln. »Für uns heißt das aber: Du musst bauen, expandieren und dich verschulden, da-mit du mehr Ausgleichszahlungen bekommst. Denn mit den Ausgleichszahlungen kannst du die Kredite zahlen.« Und diese Schulden, diese Verpflichtungen, dieser finanzielle Druck, sagt Bachler, »sie erzeugen Stress, permanenten Stress«.

»Wenn du als Journalist heimgehst«, sagt Bachler, »kannst du wahrscheinlich abschalten.« Aber er schrecke um zwei Uhr nachts aus dem Schlaf, und es rotieren die Gedanken im Kopf, wie sich das alles ausgehen soll. Eine diffuse Angst habe sich über ihn gelegt und von ihm Besitz ergriffen, damals, als sein Geschäftsmodell eingebrochen war. Weil die Milchpreise im-plodierten, weil die EU-Förderungen ausblieben, weil die Kon-trollore ihn zu schikanieren begannen, weil die Bank dräng-te. Es ist eine Angst, die nicht greifbar war, eine chronische Angst, eine Angst, die nie weggeht und die dich aufreibt, sagt Bachler. »Du tust alles, damit das aufhört: totstellen, Kopf in den Sand stecken. Du bist nicht mehr du selber. Die Familie wird deppert mit dir. Sie fragen dich: ›Du, was ist mit dir?‹ Wenn du Pech hast, haut die Partnerin ab, und dann bist du ganz scheiße allein.« Dann bleibt nur Facebook, die »liebe Fan-gemeinde«, die in Wahrheit ja virtuell ist.

Hier gehe es vielen so, sagt Bachler. Die meisten »fangen an, massiv zu saufen«. Sie hackeln sich den Tag über k.o., nehmen Schmerztabletten gegen das Kreuzweh und dazu abends ein paar Bier, um zu schlafen.

Bachler gelang das immer weniger. »Es gab eine Stresspha-se, da habe ich fünf Nächte lang nicht geschlafen. Ich habe ge-glaubt, ich drehe durch.« Als es so richtig schlimm geworden ist mit seinem Burnout, da habe er sich vor den Fernseher gesetzt und stundenlang in die Röhre geschaut. Erst nach Stunden habe er bemerkt, dass er aufgrund eines Defekts der Antenne nur ein schwarzweißes Störbild angeschaut hat. Stundenlang. Dann, endlich, ging Bachler zum Arzt. Und der Arzt sagte zu ihm: »Ich hab erwartet, dass du kommst.«

Von da an sei es bergauf gegangen. Denn Bachler hatte eines bemerkt: Er war nicht allein. Auch vielen anderen Bauern ging es so. Aber niemand sprach darüber. Wem sollten sie auch erzählen, dass es keinen freien Tag gebe, dass die Tiere tagtäglich »bespaßt« werden wollen? Diese absolute Erschöpfung, die Vereinsamung, dieses Ausbrennen, das sei ein schleichender Prozess, der sich über Jahre zieht.

Bachler hat die Schulden einfach nicht mehr »derzahlt«. Er wollte auch nichts verkaufen, das hätte seinen »falschen Stolz verletzt«. Und so war er in diesem Teufelskreis gefangen: Kurz vor Weihnachten kamen normalerweise die Förderungen der EU. Und die rauschten dann als Durchläufer an die Bank weiter. Doch als die Förderungen ausblieben, als die Bank rügte, dass auch die Girokonten am Anschlag seien, da bemerkte Bachler: »Scheiße, ich bin völlig abhängig geworden. Da kann ich noch so viel arbeiten, es bleibt nichts übrig.« Er steckte also den Kopf in den Sand. Aber er bemerkte dann doch etwas: Da ist ein Tabu. Bei vielen Bauern. Manche erzählten etwa, dass sie »zwei Wochen Urlaub« nehmen. In Wahrheit verheimlichten sie, »dass sie in Schwarzach in der Nervenklinik waren«.

Bachler sagt, wenn Bauern den dritten Alkohol-Entzug haben, dann sprechen sie darüber, das sei akzeptiert. »Aber wenn einer ausgebrannt ist, dann spricht er nicht.« Dabei ist das die moderne Berufskrankheit der Bauern, und sie zeitigt erschreckende Symptome. »Ich konnte meinen Kaffee nicht mehr trinken, weil ich so gezittert habe«, sagt Bachler. »Es ist ziemlich g'schissen, wenn du mit 28 Jahren eigentlich eine Schnabeltasse beim Frühstück brauchst.«

Solche Angst mache »aus einem Menschen ein Viech«, sagt Bachler. »Ich fühlte mich, als ob man mir einen Ratschengurt um den Körper legt, den man mit der Ratschen immer enger zudrückt.« Irgendwann halte man das nicht mehr aus. Ihm sei dann klargeworden, dass er mit seiner Krankheit nicht allein war. Einmal kam ein befreundeter Bauer in den Stall, ein kräftiger Mann. Er drückte ihm einen Zettel in die Hand, auf dem der Name einer Frau stand: »Ruf sie an, die hilft mir auch.« Es war eine Psychologin.

»Überlastungsdepression«, »Burnout«. Bachler begann sich zu informieren, las Bücher. Er verstand, dass es eine ganz normale Krankheit ist.

Eine Selbsttherapie waren für Bachler auch die sozialen Medien, von denen holte er sich sein Glückshormon Dopamin. Die landwirtschaftlichen Zeitungen hätten immer nur Klischees geschrieben oder den Funktionären nach dem Mund geredet. Bachler wollte seinen Kunden direkte Einblicke in sein Leben gewähren, der »lieben Fangemeinde« antworten oder eben einem Bobo wie mir so richtig die Meinung sagen, wenn er in Sachen Kuhurteil dilettiert. Das Video nach dem Kuhurteil, so erzählt er mir in einem unserer Gespräche, sei in Wahrheit keine Wutrede gewesen, sondern ein Hilfeschrei.

Und deshalb nahm Bachler nach der Spendenaktion noch ein Video auf. Er stellte sich mit seiner speckigen Jacke in seinen kalten Stall und sprach drauflos. Es wurde ein berührender Film, in dem er sich nicht nur bedankte, sondern in dem er seine Feinde zur Versöhnung aufrief. Er habe viele im Dorf beleidigt und irritiert. Er bitte um einen Neuanfang: »Ich war sehr, sehr überfordert, ich hatte einen falschen Stolz, weil ich als ›Spinner‹ etikettiert wurde. Ich möchte klarstellen, dass wir auch jetzt nicht in Saus und Braus leben. Aber ich vergess nicht, dass ich da heroben nichts bin ohne die Gegend hier.«

EPILOG

Mein Vater und ich stehen am Rande von Ratzersdorf, die warme Frühlingssonne treibt auf den Feldern ringsum den Mais aus dem Boden. Da drüben war unser Hausacker, sagt mein Vater und deutet auf eine mit Einfamilienhäusern versiegelte Siedlung.

Noch nie zuvor war ich mit meinem Vater hier gewesen, ich wusste eigentlich auch nicht, dass meine Großeltern vor siebzig Jahren noch Kartoffeln in die Erde setzten, um sie im Herbst mit der Hand zu ernten. Weder er noch meine Großmutter führten mich je hinaus auf dieses Feld, das einst zu ihrem Hof gehörte. Die Wohlstandsjahre haben unsere bäuerliche Familiengeschichte komplett verdrängt. Wir saßen in der Zirbenholzstube, aßen Geselchtes, das meine Oma »Gsöchts« nannte, ihren Apfelstrudel und lachten. Aber über das Landleben und ihr Leben als Bäuerin sprachen wir meiner Erinnerung nach nie.

Dass mein Vater noch miterlebt hat, wie hier Ochsen und Pferde den Pflug zogen, während die Lastwagen russischer Besatzer vorbeirollten, das ist nur noch eine Erzählung aus einer versunkenen Welt. Heute wuchert hier das vorstädtische Einerlei aus Siedlungen, Autohäusern, Supermärkten und Tankstellen über die noch junge Vergangenheit.

Ich wollte, als ich dieses Buch geschrieben habe, mit meinem Vater noch einmal die alte Dorfstraße abgehen und zuhören. Weil ich, wie Bachler sagte, keine Ahnung habe vom

Leben in einem Bauerndorf. Was wurde aus dem Dorf des Vaters? Es existiert heute als Kulisse. Das Wirtshaus Figl: ein edles Restaurant, davor parken die BMW der St. Pöltener Bürger. »Da drüben war der Wagenschmied«, sagt der Vater und deutet auf ein eingerostetes Metalltor, »und dort war der Schuster.« Da, in dem liebevoll renovierten Häuschen, lebte der Mann, der seine Frau erstochen hat – mein Vater sah sie mit dem Messer im Rücken auf die Dorfstraße laufen, ehe sie zusammenbrach. Und dort lebte vereinsamt der Mann, der in seinem verfallenden Hof verkam, wie ein Gruselschloss sah sein Haus aus, als Kind fürchtete ich mich, daran vorbeizugehen. Heute ist es schick saniert. Kinder sind hier herumgelaufen, erzählt der Vater, »viele lebhafte Kinder«. Heute sind hier nur alte Menschen zu sehen, die den »Rudl«, meinen Vater, noch erkennen.

Die bäuerliche Gesellschaft war eine Gemeinwohl-, aber auch eine Schicksalsgemeinschaft. Auf engstem Raum wurde geliebt und gemordet, gestritten, getanzt und gekegelt – drüben im Gasthaus Walter, dem alten Bauernbarock-Wirtshaus. Das musste auch einem dieser Fertigteilhäuser weichen, die hier überall hochgezogen werden.

Mein Vater und ich stellen uns auf Zehenspitzen und blicken über einen von der Sonne geschwärzten Bretterzaun hinein in einen alten Obstgarten, der auch irgendwann der genormten Gabionen- und Pampasgras-Vorgartenarchitektur weichen wird. Das Bauerndorf als sozialer Begegnungsraum existiert hier nicht mehr. Die Dorfstraße ist eine Zufahrtsstraße geworden für Büromenschen, die sich hier abends in ihre revitalisierten Höfe zurückziehen, nachdem sie draußen in der Gewerbezone oder in der Stadt arbeiten oder einkaufen waren.

Wir stehen am Abgrund, sagt der Bergbauer Christian Bachler. Und immer wieder denke ich an diesen Satz und an seine Fotos der Bauernumzüge, die als Pferde verkleidete Männer zeigen, ein wohl jahrhundertealter Brauch.

Als ich Bachler kennenlernte, interessierte ich mich nicht für Landwirtschaft, nicht für Dorfstraßen und das bäuerliche Leben meiner Vorfahren. Warum auch? Landwirtschaftliche Produkte sind überall billig verfügbar, das Schlachten ist kein Ritual mehr, sondern ein automatisierter Prozess, der im Verborgenen stattfindet. Fleisch ist ein Produkt, das man gedankenlos im Supermarkt kaufen kann, am besten im Angebot.

Die immer trister werdende finanzielle Lage von Kleinbauern wie Bachler ist uns nicht vertraut, so wie die Welt der Agrarförderungen und der Raiffeisengenossenschaften. Und auch an den Güllegruben und Industriehallen der großen Schweinemäster fahren wir mit dem Auto vorbei, ja, wir bemerken sie oft nicht einmal. Ich habe mir nie ernsthaft Gedanken darüber gemacht, wie sich meine Vorfahren ernährten oder wie sie Tiere behandelten oder töteten. Das heutige massenhafte Vernichten von Schweinen, Küken und Rindern verdrängen wir.

Der Einblick in Bachlers Welt, mein »Praktikum«, verändert aber langsam meinen Blick. Sein Leben warf auf einmal so viele grundsätzliche Fragen auf. Was essen wir? Wie behandeln wir Tiere? Und wer finanziert das billige Fleisch? Wie behandeln wir die Bauern, die unsere Teller und zunehmend auch unsere Heizkessel mit Biomasse füllen?

Die Gespräche mit Bachler machten mir klar, wie wenig sich Städter, vor allem linksliberal gesinnte Bobos, für die soziale Frage auf dem Land interessieren. Wir schmunzeln über Dokusoaps wie »Bauer sucht Frau«. Aber dass Männer auf ihren Höfen vereinsamen und verarmen, an Depressionen erkranken und vom Strick reden, das übersehen wir ebenso wie den Umstand, dass ihr Einkommen jedes Jahr trotz Förderungen und knochenharter Arbeit sinkt.

Die Rettungsaktion von Bachlers Hof war wohl auch deshalb so erfolgreich, weil seine Geschichte nicht nur große Zukunftsfragen unserer Zeit berührt – Klimaschutz, Agrarwende, Tierwohldebatte –, sondern auch unser alltägliches Leben. Und die großen Verteilungsfragen, die Frage, wofür eigentlich Genossenschaftsbanken da sind und wieso sie Milliarden in Offshore-Oasen investieren, anstatt Bauern zu helfen: das sind Fragen, die wir auch an der Fleischtheke im Supermarkt verhandeln werden müssen. Fragen, die nach einer staatlichen Ordnungsmacht rufen, die nicht nur die Interessen von Bünden und Banken im Sinn hat.

Und dann war da ja auch noch die Frage, wie sich Menschen aus verschiedenen Welten in den sozialen Medien begegnen. »User« wie Bachler und ich. Sollen wir wirklich aufeinander einhauen, ohne uns in die Augen zu schauen? Ich habe Bachler sehr früh geschrieben, dass sein Anwurf, ich hätte keine Ahnung von der bäuerlichen Gesellschaft, Unsinn sei, weil meine Oma doch Bäuerin war. Doch in Wahrheit hatte er recht. Denn ich wusste ja nicht einmal, wo unser Hausacker liegt. Ich war schon zweimal in Peking, aber noch nie am Feld meiner Vorfahren. Es hat mich schlicht nicht interessiert.

Dieses Entdecken einer versunkenen bäuerlichen Gesellschaft, die noch vor einer Generation unsere Vorfahren prägte, bewegte sicherlich auch viele, die an Bachlers Rettung mitgewirkt haben. Bachler hat bei uns wohl auch eine diffuse Sehnsucht nach einer buchstäblich geerdeten Welt freigelegt. Einer Welt, zu der wir oft kein aufgeklärtes Verhältnis haben. Weil sie in Heimatfilmen und in Musikantenstadln verkitscht, verklärt und romantisiert wurde. Weil sie politisch miss-braucht wurde für Heimattümelei und Nationalstolz.

Diese Reportage ist mein Versuch, das gespaltene Verhältnis unserem bäuerlichen Erbe gegenüber offenzulegen, ein Zwie-spalt, den wir auch im Umgang mit der Kreatur zeigen, die wir als »Nutztiere« halten und quälen. Neu ist diese Erkenntnis freilich nicht. »Wenn du, wie du dich selbst beschrieben hast, König der Tiere bist«, schrieb Leonardo da Vinci über den Men-schen, »warum hilfst du ihnen dann nur so weit, dass sie in der Lage sind, dir ihre Jungen zu geben, um deinen Gaumen zu er-freuen? Erzeugt die Natur denn nicht so viele einfache Dinge, dass du dich satt essen kannst?«

Der wütende und zornige Bachler hatte es uns desinter-essierten und wohlstandsverwöhnten Städtern reingesagt. Schaut her, wie wir Bauern leben, seht her, was der Welthandel mit unseren Höfen, unserer Kultur, unserer Natur und unseren Tieren macht, seht, wie ihr unsere soziale Lage und damit auch eure Lebensgrundlage ignoriert.

Ich merke, wie sich mein Blick zunehmend auf diesen Mikrokosmos fokussiert. Vor mir liegen Bücher, die ich frü-her nicht wahrgenommen hätte. Im Zuge der Recherchen für dieses Buch habe ich auf einmal damit begonnen, mit Tier-schützern, Agrarpädagogen, Veterinärmedizinern, Schweine-züchtern oder Rübenbauern zu reden, die Karriere in der von Raiffeisen geprägten Umgebung machten und mir ihre Welt er-klärten.

Fast alle sind sich sicher, dass sich etwas ändern muss. Ich bin froh, den sturen und streitbaren Christian Bachler kennen-gelernt zu haben. Zum Glück hat er mich im Internet be-schimpft.

DANKSAGUNG

Dieses Buch wäre nicht möglich gewesen, wenn es nicht so viele Menschen gegeben hätte, die mir in stundenlangen Gesprächen mit Rat und Tat zur Seite gestanden wären. Ich danke neben Christian Bachler vor allem auch den vielen Expertinnen und Experten.

Elisabeth Penz vom Verein Vier Pfoten versorgte mich mit Fakten und Interviewpartnern, wie dem viel zu früh gestorbenen Helmut Dungler, Marlene Kirchner, Isabella Auberger oder Eva Rosenberg. Klaus Dutzler erzählte mir in stundenlangen Telefonaten über Biolandwirtschaft und die völlig verrückt gewordene Welt der Handelsketten.

David Richter und Martin Balluch vom Verein gegen Tierfabriken haben ihre investigativen Recherchen über Schweinebauern mit mir geteilt und in nächtlichen Debatten mein Verständnis für den Tierschutz geschärft.

Ich danke aber auch dem St. Pöltener Schweinebauern Johann Meier (Name geändert), der mir seinen Betrieb zeigte, dem Veterinärmediziner Rudolf Winklmeyer, dem Agrarumweltpädagogen Leopold Kirner, dem Rechtsanwalt Michael Pilz, der PR-Expertin Christina Aumayr-Hajek, dem Zeithistoriker Niko Hofinger und dem Filmemacher Kurt Langbein (»Landraub«), der Bachlers und meine Geschichte verfilmen wird und der mich und meinen Vater für seine Dokumentation erstmals auf den Hausacker führte. Meinen Kolleginnen und

Kollegen im *Falter*, Eva Konzett, Benedikt Narodoslawsky, Peter Iwaniewicz und Gerlinde Pölsler, sei für viele Recherchen, Hinweise und Gespräche gedankt, die in dieses Buch Eingang gefunden haben. Armin Thurnher, Stefan Kaltenbrunner und Daniel Kehlmann danke ich für die kritische Durchsicht meines Manuskripts.

Ganz besonders danke ich meinem Vater Rudolf Klenk, der mir in stundenlangen Interviews und Spaziergängen nicht nur meine eigene Familiengeschichte erzählte, sondern auch das Bauernleben in den fünfziger Jahren rekonstruierte.

Zsolnay-Verleger Herbert Ohrlinger sei gedankt, dass er die Idee zu diesem Buch nie aufgab und mich in langen Telefonaten und mit selbstgekochtem Risotto darin bestärkte, es endlich zu einem Ende zu bringen. Siegmar Schlager danke ich, dass er mich rund um dieses Projekt stets unterstützte.

Besonders gedankt sei meiner Mutter Christiane Klenk, die mir während des Schreibens mit Rat und Tat zur Seite stand und die Kinder hütete.

Gewidmet ist diese Reportage meiner Frau Veronika und meinen Kindern Anna und Leopold, die Christian Bachlers Cattle Dog Nessi und seine Nutschis ins Herz geschlossen haben.

F. K.

INHALT